让我们 一起追寻

斯蒂芬·斯金纳（Stephen Skinner）

研究 15~18 世纪魔法抄本的专家，著有超过 40 本有关西方传统神秘思想的作品。

拉法乌·T. 普林克（Rafał T. Prinke）

波兰欧根纽什·皮亚塞茨基大学助理教授，他近来出版了一部 900 页的著作，考察了从最古老时期直至 18 世纪末的炼金术作品。

乔治亚娜·赫德桑（Georgiana Hedesan）

牛津大学研究员，专业方向是炼金术历史，尤其关注与帕拉塞尔苏斯以及赫尔蒙特相关的运动。

乔斯林·戈德温（Joscelyn Godwin）

科尔盖特大学音乐荣休教授，他有关神秘哲学与音乐的作品十分有名，《日之光芒》唯一的当代译本便出自他之手。

李岩

毕业于北京大学国际关系学院，译有多部有关世界历史和国际政治的著作，如《现代英国史》《原霸：霸权的演变》《美国外交政策及其智囊》等。

SPLENDOR
SOLIS

THE WORLD'S MOST
FAMOUS ALCHEMICAL MANUSCRIPT

First published in the UK and USA in 2019 by Watkins, an imprint of Watkins Media Limited watkinspublishing.com

日之光芒

世上最著名的炼金术抄本

Stephen Skinner
Rafał T. Prinke
Georgiana Hedesan
Joscelyn Godwin

〔澳〕斯蒂芬·斯金纳
〔波〕拉法乌·T. 普林克
〔英〕乔治亚娜·赫德桑
〔英〕乔斯林·戈德温
著

李岩 译

目 录

《日之光芒》简介

斯蒂芬·斯金纳

7

在所有带插图的炼金术作品中，最为著名的一部或许要数于16世纪问世的《日之光芒》(*Splendor solis*，英文译为*The Splendour of the Sun*)。其插图极具隐喻色彩，对于如何用低贱的原始材料打造出“贤者之石”(Philosophers' Stone)这一“伟大技艺”，也给出了详尽的说明。这份抄本还能够帮助现代读者深入文艺复兴时期炼金术士的内心。尽管如此，在本书之前，尚没有哪个版本的出版物能同时做到以下三点：价格公道，完整地将《日之光芒》译为英文，并翻印所有插图。[1]现已推出的《日之光芒》的大多数版本，都是翻印自1920年出版的某个黑白版本。眼前的这一全彩版本，则配有乔斯林·戈德温(Joscelyn Godwin)对《日之光芒》最终确定版本(即“哈利MS 3469”，现收藏于大英图书馆)的全新翻译。我们希望此举有助于填补前述空白。

1　唯一的例外是M.莫莱罗(M. Moleiro)于2010年推出的全彩英文版本。但这一版本如今已不再印刷，只能买到二手品，售价更是超过3000美元。

在这一版本中，我还将对《日之光芒》的插图以及原始文本加以概述，以揭示该抄本的某些内涵，帮助读者理解其内容。此外，本书还收录了拉法乌·T. 普林克（Rafał T. Prinke）与乔治亚娜·赫德桑（Georgiana Hedesan）的文章。前者介绍了有关《日之光芒》的历史及作者身份问题的最新研究成果，后者则揭示了瑞士著名医生、炼金术士兼占星家帕拉塞尔苏斯（Paracelsus）与《日之光芒》之间的渊源。两人的文章都颇具启发性。最后，赫德桑还编纂了一份术语表，对《日之光芒》提到的炼金思想家以及炼金术作品进行了总结。对于读者而言，这份术语表将颇有裨益。

《日之光芒》一书在 20 世纪的经历

8

在 20 世纪初，《日之光芒》重新引发了人们的关注，这在很大程度上要归功于黄金黎明协会（Hermetic Order of the Golden Dawn）的推动。该协会致力于秘术研究，由三名该领域的行家里手于 1888 年创立。其中一位创立者名叫 S.L. 麦格雷戈·马瑟斯（S. L. MacGregor Mathers）。他对各种神秘仪式很有研究，且著述颇丰，他创作并出版的作品包括了多部魔法书。牧师兼炼金术士 W.A. 艾顿（W. A. Ayton）也是黄金黎明协会的早期成员。马瑟斯和艾顿两人似乎都对《日之光芒》很感兴趣。据说在 1907 年，马瑟斯甚至还利用卡巴拉（Kabbalah）和塔罗牌（Tarot），对《日之光芒》中的文本以及象征图案做出了注解，并将这部分内容配上《日之光芒》的原文一道出版。不过不幸的是，我未能找到这一版本《日之光芒》的副本。[1] 甚至在大英图书馆的馆藏目录中，我都找不到该版本的踪影，可见其发行量一定很少。出版于 1920 年的那一黑白版本的《日之光芒》，其译文据信出自朱利叶斯·科恩（Julius Kohn）之手，而他正是艾顿的学生。[2]

科恩翻译的这一版本并未引发太大反响。直到彩色印刷技术于 20 世纪末普及之后，读者才得以一睹《日之光芒》插图的真容。科恩在翻译《日之光芒》时，还额外增添了用塔罗牌对其加以解读的内容。他深入研究了博德利图书馆（Bodleian Library）收藏的炼金术抄本。其中某份抄本收录了 17 世纪的古文物研究者埃利亚斯·阿什莫尔（Elias Ashmole）的多篇译文。这些文章的作者据信是特里斯莫辛（Trismosin）。[3] 此外，对于以植物为原料的炼金术、磁疗以及颂疗等 20 世纪初的热门话题，科恩也都很感兴趣。

1981 年，亚当·麦克莱恩（Adam McLean）在其开创的《炼金术原始文献精选》（*Magnum Opus Hermetic Sourceworks*）这一精彩书系中，推出了《日之光芒》的限量版。到了 1991 年，法涅斯出版社（Phanes Press）再版了该书，并增添了麦克莱恩撰写的一篇评论文章。这堪称是 20 世纪

10

1　据说，为了抵消部分债务，马瑟斯将自己的手稿交给了 F. L. 加德纳（F. L. Gardner）。加德纳则于 1907 年将其出版，希望能借此收回部分开销。马瑟斯发现这一情况后却向他提出了抗议。见 Ithell Colquhoun, *The Sword of Wisdom*, Putnam, New York, 1975。

2　该抄本并未注明译者的全名，而只是给出了其姓名缩写“J. K.”。

3　Ashmole MS 1408.

Das gegenwurtig
Buechel wirt ge-
nannet Splendor
Solis oder Sonn-
en glantz Taylt
sich in Siben Trac-
tat durch wellich
beschriben wirt die
khunstlich Wirck-
ung des verporgne

与这一抄本相关的又一里程碑事件。不过，这一版本也有不足之处：插图仅为黑白两色，系参考早先于汉堡出版的版本白描而成，远不如本书中的插图细致入微。更为重要的是，德国的雕刻师还省略了某些插图上的拉丁语文字以及富有象征意味的边框图案。此外，这一版本的译文参考的文本也不如“哈利 MS 3469”版本出色。

痴迷终身

从十几岁起，我便对炼金术产生了兴趣。当时我便喜欢上了翻阅各种神秘的图案，而这些图案往往与炼金活动有关。比如说，正是 17 世纪的炼金术著作《静谧书》（*Mutus Liber*，英文译为 *Silent Book*），以及书中一幅幅奇异的图案或曰“象征符号”，激励我怀着有朝一日能将其读懂的梦想，踏上了搜寻尽可能多炼金术图案的旅程。

德意志医学博士米夏埃尔·迈尔（Michael Maier）自诩为“帝国宗教会议伯爵”和“自由贵族”，他于 1617 年出版的作品《亚特兰大的逃亡》（*Atalanta fugiens*，英文译名为 *Atalanta Fleeing*）配有一系列象征符号，这同样令我着了迷。每个象征符号都配有一行只可意会、不可言传的警句。然而如此一来，这些图案的神秘意味不减反增了。这本书的副标题正是“揭示自然化学奥妙的新象征符号”（*Emblemata nova de secretis naturae chymica*，英文译为 *New Emblems of the Secrets of Natural Chemistry*）。有些图案画的是火蜥蜴、神秘园，以及被砍掉脑袋、烧死、溺毙或者活埋的国王。这部作品的出版时间比本书重印的《日之光

左图：大英图书馆馆藏《日之光芒》抄本（哈利 MS 3469）的扉页。

芒》仅仅晚了三十五年。如今回过头来看，我可以清晰地发现，在这两部作品的图案之间存在着诸多相似之处，如都出现了一座双向喷泉、一位正在戏水的国王，以及一个雌雄莫辨的人（阴阳人）。此类象征符号贯穿于炼金术的历史之中，但其含义并非一成不变。如何对其加以解读，既令人为难，又令人着迷。炼金术士们可绝不希望你轻而易举就能过关。

与此同时，我还对伊丽莎白一世女王的御用数学家约翰·迪（John Dee）博士及其同事爱德华·凯利（Edward Kelley）产生了兴趣。他们声称自己在格拉斯顿伯里（Glastonbury）发现了一个装满红色粉末的烧瓶，外加圣登士丹（St. Dunstan）撰写的炼金术作品。约翰·迪和凯利还声称，凭借这些红色粉末，他们成功地以多种方式将贱金属变成了黄金。此类说法并不罕见，也很少有人会信以为真。不过不同寻常之处在于，约翰·迪和凯利坦承自己无法制造出红色粉末，而只知道如何利用这种物质。凯利后来和约翰·迪分道扬镳，并且收获了巨大的财富与声名，还被波希米亚的鲁道夫二世（Rudolf Ⅱ, 1552～1612）封为骑士。这也在一定程度上证明了凯利的炼金水平的确精湛。甚至还有一则颇为有鼻子有眼的故事声称，他曾将一个铜质炭炉的一半变成了黄金。这些传说激发了我的好奇心，促使我更为笃信，炼金术并不只是摆弄图案与象征符号的笔头游戏，更是一门实实在在的技艺。

11

直到1970年代中期，我才终于结识了一名炼金者，此人使用专业化学设备来进行此类实验。他自称“拉皮杜斯”（Lapidus），还要求我发誓守口如瓶，绝不泄露他的身份。[1] 他在伦敦开了一家皮草店，距离贝克街地铁站很近。他将皮草店的地下室改造成了一间当代炼金术士的实验室，并且谨遵蓬塔努斯（Pontanus）、阿特菲乌斯（Artephius）以及阿里·普利（Ali Puli）等人经典著作的指示，一步步地进行炼金实验。正如我们将要看到的，对于古代炼金术士而言，衡量成功与否的一项重要指标就在于，他能否令手中的材料实现一系列特定的色彩变化。我亲眼看到，拉皮杜斯再现了理想中的一系列色彩变化，并且十分接近于大功告成，这令我不禁着了迷。使用实验室设备来加热，可以令材料长期保持特定的温度，避免上下波动，这样一来，拉皮杜斯就不必依靠马虎的助手给煤炉扇风或是洒水，困扰古代炼金术士的难题也就迎刃而解了。此外，通过使用耐高温的派莱克斯（Pyrex）蒸馏瓶与烧瓶，他也不再像前辈那样，常常会遭遇玻璃器皿报废的问题。尽管如此，他还是走了许多弯路，最终才选定了正确的材料。

1976年，我们合作撰写并编辑出版了一部关于炼金术的作品，书名叫作《追求黄金》（*In Pursuit of Gold*）。拉皮杜斯在书中分享了自己的许多发现。我们还对许多炼金术抄本展开了讨论，《日之光芒》也在其列。如今再次审视这部炼金术的经典之作，我不禁又回想起了拉皮杜斯成功再现的那一系列色彩变化，尤其是在烧瓶内壁上升腾出了“孔雀”的图案，真可谓璀璨夺目（见插图16）。见证了

12

1　拉皮杜斯现已去世，因此我觉得吐露他的身份也无妨。他的真名叫作戴维·柯温（David Curwen）。当《追求黄金》一书于2011年再版时，我和他的外孙托尼·马修斯（Tony Matthews）见了面。

拉皮杜斯的技艺之后，我便只能从物质转化这一最为实实在在的视角出发来看待炼金术了。因此，在审视《日之光芒》这部精彩绝伦的抄本时，我也会遵循这一立场。我首先将驳斥某些显得异想天开的解读。这些观点的依据是卡尔·荣格（Carl Jung）的原型理论以及塔罗牌。

《日之光芒》并不是……

从心理学视角看待炼金术

对于《日之光芒》乃至整个炼金术，人们做出了许多无法自洽的解读。这其中的许多种观点源自瑞士精神分析师卡尔·荣格提出的原型理论。所谓“原型”，指的是源自神话、宗教、梦境或艺术作品的重要形象与模式，这些原型已渗入了我们共同的文化无意识之中，并对我们的行为与态度都产生着影响。

在研究深层意识的过程中，荣格意识到，他所界定的那些原型也曾成为其他思想家的灵感来源，这些思想家研究的领域与他截然不同。大量运用此类图案的领域之一便是炼金术。这些图案中许多都出自寓意图集。此类书籍收录了艺术家刻画希腊与罗马诸神等常规主题时经常参考的图案。古典神话中的诸神形象塑造了西方的文化潜意识。因此，在荣格患者的梦境中也会浮现此类形象，就不足为奇了。说到这里，这套理论都还说得通。然而，荣格还开创了一种风气，即把这些形象重新投射到古人身上，并暗示称，炼金术士的作品同样也在探讨人们的心理与精神问题，这种说法就令人难以接受了。人们倘若试图从这一视角出发，对《日之光芒》加以解读，那么很快就会发现，书中描绘的炼金过程是如此烦琐，很难为现代读者提供精神慰藉。炼金术中的物质变化（transmutation）与宗教中的变体（transubstantiation）有相似之处，这为宗教思辨提供了素材。由此可见，某些炼金术作品的确强调，炼金术士的道德与精神务必纯净。但《日之光芒》这份抄本并未提出这种要求。

13

炼金术士最为关注的，是如何才能打造出“贤者之石”、炼制出万能药，以及将贱金属变为黄金。用这些配方来探讨深层心理学问题，并非他们的兴趣之所在。事实上，倘若炼金术士遇到了精神困扰，他们更有可能去找神父倾诉。将心理治疗的那些方法硬安到中世纪的炼金术士身上，这样的做法是完全不合时宜的。说来讽刺，荣格和他的合作者玛丽-露易丝·冯·弗朗茨（Marie-Louise von Franz）将《曙光乍现》（*Aurora consurgens*，英文译为 *Rising Dawn*）视作其理论参考的范本，正是因为《日之光芒》也部分地参考了此书。荣格学派对《日之光芒》行星插图上诸神形象（插图 12～18）的解读，就可谓这种做法的典型例证。当时人们已经知道的七大行星，每一颗都被与一位神明联系到了一起，这些神明都呈现出中世纪与文艺复兴时期寓意图集以及许多炼金术抄本中的典型模样。在《日之光芒》插图的顶部，绘有与该行星相对应的那位神明，祂们均被刻画成驾驶着战车的模样（除此之外，文本中并未提及这些神明）。但在荣格学派的精神分析师乔·坎布雷（Joe Cambray）看来，“这些图案其实是在刻画力比多（libido），只有驾驭住这种能量，在炼金过程中相对应的阶段，特定的原型才能显现出来”。

按照传统方式，拉车的动物也与神明相对应。于是，在第一张行星插图上，为农神萨图恩（Saturn）拉车的便是两条龙；[1] 在第二张行星插图上，为朱比特（Jupiter）拉车的则是一对孔雀。然而在荣格学派看来，拉车的动物从龙变成了孔雀，不是因为与诸神对应的传统象征符号发生了改变，而是“代表着这样一种转变：不再试着掌控想象力（想象力受到无意识的驱动，是细胞体活动的结果），而是专注于从多个层面上调动自恋心理（对于拓宽将来的自我认知而言，这种心理是必不可少的）”。[2] 引用到这里，想必已经足够了。

根据塔罗牌做出的解读

14

《日之光芒》中共有 22 幅图案，塔罗牌里则有 22 张王牌。这一数字上的巧合促使某些人错误地认为，这二者具有相似的象征意味。在很大程度上，这种解读方式始自黄金黎明协会。由于马瑟斯对塔罗牌很感兴趣，黄金黎明协会往往会从 22 张塔罗牌王牌的角度出发，并根据基督教卡巴拉大师在生命之树（Tree of Life）的 22 条路径上放

1　坎布雷认为，这位神明并非萨图恩，而是“老墨丘利”（old Mercury），因为除了镰刀之外，祂还手持一根双蛇杖。

2　Joseph L. Henderson and Dyane N. Sherwood, *Transformation of the Psyche: The Symbolic Alchemy of the Splendor Solis*, Routledge, London, 2015, p. xi.

置这些王牌的位置，来对一切晦涩难懂的问题加以解读。[1]

考虑到艾顿和科恩都是黄金黎明协会的成员，他们两人也将 22 张塔罗牌王牌与《日之光芒》里的 22 幅炼金图案联系到了一起，或许就并不令人感到意外了。不过，只要对《日之光芒》里的 22 幅插图加以细致分析，就不难发现，除了七颗行星之外，那些图案与塔罗牌再无相同之处，那些行星图案的排列顺序与塔罗牌也并不一致。

剩下那些图案与塔罗牌则几乎毫无关联。不仅排列的顺序并无呼应，而且就视觉外观和象征意义而言，也很难发现哪张塔罗牌王牌与《日之光芒》的插图有关。当然，如果非要牵强附会，那么从任何事物中都可以发掘出隐喻意味。比如说，圣奥古斯丁（St. Augustine）甚至可以从炼金术作品中解读出基督教神学。而在东正教世界中，亚历山大的斯蒂芬（Stephen of Alexandria）也以类似的方式对炼金术文本加以阐释。不过这些做法都纯属事后诸葛，是在将某种解读方式强加于文本之上，而不是去努力探寻原作者的本意。

1　相较之下，希伯来卡巴拉大师则认为，在塔罗牌与生命之树之间并不存在任何关联。

《日之光芒》其实是……

一门实实在在的技艺

尽管精神分析师以及魔法师怀有不同的见解，但炼金术归根结底是一门实实在在的技艺，关注的是如何将某种物质转变为另外一种。包括《日之光芒》在内，许多炼金术作品都列出了一系列步骤，来说明物质的转化如何发生。炼金过程常常会被划分成十二个阶段，有时候则仅仅分为四个或七个阶段。赫拉克利特（Heraclitus, 约公元前535～前475）最早概括了“基本元素”的种类。按照我们如今对于这一职业的理解，他还算不上炼金术士。不过赫拉克利特总结称，基本元素共有四种，分别是火、土、气和水。他还解释道，这些基本元素相互作用，便形成了万事万物。（除了开创元素理论，赫拉克利特还认为，世界处在不断变化之中，这些理念与中国道家哲学十分相似。）《日之光芒》这一抄本列举了许多复杂的变化过程，不过让我们还是先从简单的视觉层面出发，一览四大基本元素的真容。

15

火（插图4）：国王站立于烈焰之中；
土（插图5）：一座被挖掘的矿山；
气（插图6）：群鸟在空中翱翔；
水（插图7）：国王在河中戏水。

更为重要的是，赫拉克利特认为，物质在发生一系列变化的同时，其色彩也会发生一系列转变：先是黑色，然后变成白色，接下来变成黄色，最后变成红色。这种关于色彩变化的理念被炼金术士采纳，并且构成了这份抄本的主要象征框架之一。

许多人都讲述过尝试促成物质转化的经过。在“哈利 MS 3469”版《日之光芒》未编号的某一页上，便记载了在该抄本指引下转化物质的一则事例，读来颇为引人入胜。虽然并未被印刷版收录，但在抄本原稿中，这段文字清晰可见。

> 据说，来自德累斯顿的伯切尔男爵（Baron Boetcher）[1]遵照本书的指示，炼出了沉甸甸的黄金——他从柏林的一名药剂师习得了这门技艺。
>
> 伯切尔男爵来自福格特兰（Voigtland）地区的施莱茨（Schlais/Schleiz），他在柏林的药剂师措恩（Zorn）手下担任学徒。在此期间他结识了一名炼金术士，并为此人提供了舒适的炼金场所。作为回报，此人答应要将炼金术（Chrysopoetic Art）[2]传授给伯切尔男爵。炼出黄金之后，伯切尔便逃到了萨克森地区，但他的师傅又将他抓了回去。不过，法官们为伯切尔提供了保护，并要求他证明自己的确掌握了这门技艺。然而，伯切尔的演示失败了，可见他遭受了那

16

1 即约翰·弗里德里希·伯切尔（Johann Friedrich Böttger, 1682～1719），他的姓氏有多种拼法，如 Boetcher、Bottcher、Bötger、Böttcher 以及 Böttiger。

2 即将贱金属转变为黄金的技艺。这一术语最早出现于《克利奥帕特拉的炼金术》（*Chrysopoeia of Cleopatra*）这份公元 1 世纪的古希腊文献中。亚历山大的斯蒂芬在《论炼金术》（*De Chrysopeia*）中也使用了这一术语。

名炼金术士的欺骗。

在实验过程中，伯切尔却偶然地发现了烧制瓷器的方法，于是便摇身一变，从炼金术士变成了陶工。他于 1706 年在德累斯顿烧制出了首件瓷器。这件作品用棕色陶土制成，呈现出棕红色。他于 1709 年烧制出了白色瓷器，并于 1710 年在迈森（Misnia/Meissen）创办了一家陶瓷工厂。

得知伯切尔掌握了制造“贤者之石”的方法后，普鲁士国王腓特烈一世（Frederick I）便下令，要将他“羁押起来，加以保护”。伯切尔逃脱了追捕，但后来再次被押送回德累斯顿。1703 年，他被关押于奥地利恩斯（Enns）。萨克森地区的统治者奥古斯都二世（Augustus II）一向都缺钱花，他要求伯切尔为他炼制一块“贤者之石”，以便将贱金属转化为黄金。伯切尔被关入地窖，辛苦操劳了数年时间。1704 年，由于对伯切尔迟迟无法取得进展感到不耐烦，奥古斯都二世又命令瓦尔特・冯・奇恩豪斯（Walther von Tschirnhaus）对他加以监督。冯・奇恩豪斯正致力于实现另一项化学成就，即仿制出半透明的瓷器。当时，这种瓷器从中国进口，价格昂贵。1708 年，伯切尔终于炼制出梦寐以求的“贤者之石”。不久之后，冯・奇恩豪斯突然离世。伯切尔完成了他未竟的事业，并将这一成果告知了普鲁士国王。在当时，半透明瓷器的价值与黄金相当，有时候甚至会被称作“白色黄金”。首家陶瓷工厂于迈森建立，伯切尔成了该工厂的主管。因此可以说，他的确通过“点石成金”改变了自己的命运。只不过他炼出的“黄金”，与自己原本的打算有所出入。

17

和伯切尔取得的突破一样，许多化学工艺源自炼金术士的实验。与制药、提炼以及染色相关的化学方法尤其如此。不过在炼金术士看来，这些发现都是次要的。炼金术其实是一门“王室技艺”，这不仅是因为其赞助人往往都是国王，更是因为其目的在于增进自然禀赋。炼金术的基本目标就在于加快自然进程，这可谓一项艰巨且充满挑战的任务。因此，没有人指望物质的转化能轻而易举地实现。关于如何才能将金属矿砂提炼成自然界中存在的各种金属，现代科学遵循的理论假设或许与炼金术截然不同，但任何人只要造访过矿场，就不难对物质转化这一理念产生直观感受。尤其是，当各种矿砂与尚未化合的金属结合在一起时，就仿佛正在进行之中的化学过程被定格了一般。

炼金术遵循的一条重要原则就是“循环往复”。炼金术士将同一套流程重复多次，就会得出（或者说是自以为得出）不同的结果。他们并不指望炼金活动会如同直线一般，一路向前。正如我们将要看到的，在《日之光芒》中，炼金术士会以不同的方式重复同一套操作流程。如今，在研制顺势疗法药物时，人们也会怀有与此类似的思维方式，将研发出的化合物加以稀释、搅拌或是敲打，并将这种做法重复多次。有趣的是，正是帕拉塞尔苏斯为顺势疗法奠定了部分基础。因此可以说，这种疗法带有炼金术士思维方式的烙印。最后，我希望读者能够像伯切尔男爵和拉皮杜斯那样，按照其原本的意思来阅读《日之光芒》这一抄本，将其当作揭示炼金技艺诀窍的高深、精妙的指南，而不是试图从中搜寻各种象征意义。

《日之光芒》的历史及作者身份

拉法乌 · T. 普林克

19 《日之光芒》是一部神秘莫测的炼金术著作。专攻这一领域的许多历史学者都深入研究过该作。关于该书的作者究竟是何方神圣，他们也给出了诸多可能的人选。接下来，我将对存世的《日之光芒》抄本以及印刷版加以细致分析，并在此基础上，对前人的研究成果予以评判，进而提出新的见解。尤其是，我还将参考有关《日之光芒》各版本间传承关系的证据，提出一种理论，说明该作品的原版插图出自何人之手。不过在探讨这一问题之前，首先有必要考察中世纪以及文艺复兴时期炼金术作品的总体情况。毕竟，《日之光芒》曾受到其中某些作品的影响。

一再重现的兴衰周期

在不同的古代文明中，关于炼金术的作品似乎总会经历相似的发展历程。无论是在古希腊和古罗马统治下的埃及，还是在古代中国，无论是在古印度，还是在古代伊斯兰世界，最古老的炼金术作品都根据工匠的实践经验，以完全理性的方式，对如何将某种金属转化为另一种展开讨论。但随着炼金术士“点石成金”的尝试一再失败，他们就转而致力于打造精妙的自然哲学体系，以增进对于化学变化过程的认识，进而从这一角度出发，向着“炼出真金”这一目标迈进。

20

炼金术士起初往往热情饱满，然而随着迟迟无法取得进展，沮丧的情绪便会涌上心头。试图追寻“贤者之石”的人士会继续琢磨神秘的配方，或是纯粹从文学与艺术的角度出发，来使用与炼金过程相关的种种图像。与早先相比，从事炼金活动者的人数往往有增无减，但其社会地位会有所降低，他们创作或参考的文本也往往毫无原创性可言，仅仅是对前人著述的摘编与点评（Prinke 2014）。

随着伊斯兰文明将炼金术的火炬交到中世纪的欧洲手中，大阿尔伯特（Albertus Magnus）和罗杰·培根（Roger Bacon）等 13 世纪的经院哲学泰斗很快便注意到了前者提出的理念，并对其展开了讨论。到了 13 世纪末，欧洲中世纪晚期炼金术的集大成者假贾比尔 [Pseudo-Geber，他的真实身份可能是塔兰托的保罗（Paul of Taranto）]，更是借助经院哲学中的理性主义这一工具，对相关理论进行了系统的审视。

进入 14 世纪后，有关炼金术的作品数量激增。不过人们所认定的作者，实际上往往从未撰写过此类作品。被“张冠李戴”的最典型例证，莫过于维拉诺瓦的阿纳尔杜斯（Arnaldus of Villanova）和拉蒙·柳利（Ramon Llull）。

在这些作品中，炼金术士们提出了许多精妙、新颖的理念与体系，并对旧作进行了全新的解读，其风格丰富多彩，既包括侧重于实践的机械论（mechanicism），也不乏着眼于预测未来的活力论（vitalism）。最后一位伟大的经院派炼金术士彼得鲁斯·博努斯（Petrus Bonus）则通过自己的作品，开创了一种带有宗教色彩的炼金术流派。大约在1330年，他发表了《新的无价之宝》（*Pretiosa margarita novella*，英文译为“The New Pearl of Great Price”）一文。在象征意义上，可以认为这篇文章宛如一条纽带，将欧洲中世纪早期与晚期的炼金术串联了起来（Crisciani 1973）。《花之书》（*Florilegia*）的出版，标志着这一时期炼金术的发展进入了最后阶段。这本书摘录了权威前辈的名言，还常常被转写为通俗易懂的口语，以便受教育程度较低的老百姓阅读。在这一时期，全新的创作形式也层出不穷。例如，针对目不识丁者，将炼金术理论与实践的要点加以提炼，编成朗朗上口、易于记忆的歌谣；或是在有关炼金术的诗歌与散文之外，再以插图的形式展现重要著作的内容，以加深读者的印象。炼金术士们在撰写相关文章时还开始越来越多地使用隐喻，并减少了类比的运用，这促使图像艺术渐渐流行起来（Thorndike 1923-58, Multhauf 1993, Principe 2012）。

在文艺复兴时期东山再起

21

在中世纪的欧洲，炼金术已渐趋没落。参照它在其他文明中兴衰沉浮的经历，人们或许会认定，此时这支火炬又将被交到另外某个遥远的文明手中。然而随着文艺复兴时期的到来，古代文明的成果陆续得到发掘，炼金术也迎来了在欧洲东山再起的机会。对炼金术著作的发掘，人文主义和语文学研究的兴起，印刷术的普及，再加上帕拉塞尔苏斯在医学与化学领域硕果累累——这些因素为人们重新审视炼金术经典文献奠定了全新的理性根基。于是，重要作品的修订版纷纷付梓，再度吸引了杰出知识分子的关注。

在中世纪，经院哲学家主要是从美学角度欣赏炼金活动的美感与神秘性。到文艺复兴时期，人们看待炼金术的视角显然已发生了变化。今人或许会难以理解，但在文艺复兴时期的知识分子看来，炼金术无疑是合乎理性的。在他们眼中，这门“古老学问”探讨的是各种金属相互转化之道，就如同“三重伟大的赫耳墨斯”（Hermes Trismegistus）所揭示的那样（Matton 2009）。在伊斯兰世界和中世纪的欧洲，表现炼金活动的图画原本只起到说明其具体内容、帮助读者增强记忆的作用。文艺复兴时期的新一代作者却常常将这些古老的图案置于全新的语境之中，用富有象征意味和神秘色彩的术语对其做出令人耳目一新的解读。比如说，有些人就将这些图案与古代神话或中世纪骑士文学中的寓言故事糅合到了一起。

不过，在写作与炼金术相关的作品时，文艺复兴时期的作者主要还是在与读者玩一种修辞游戏。他们常常会受《寻爱绮梦》（*Hypnerotomachia Poliphili*, 1499）等作品的启发，运用“形态变化”这一技法。这一流派的早期重要作品要数《炼金》（*Chrysopoeia*, 1515）一诗。这首诗用雅致的人文主义拉丁文写成，作者是乔瓦尼·奥雷利奥·奥古雷洛（Giovanni Aurelio Augurello, 1441～1524）。奥古雷洛本打算通过这首诗来传授炼金技艺，却堆砌了许多神秘莫测的象征符号，令人读后甚至会更加疑惑（Haskell 1997, Martels 2000）。

此类与炼金术相关的诗歌和散文可谓名不副实。这些作品中最为著名的一部当数《基督徒罗森克鲁兹的化学婚礼》（*The Chymical Wedding of Christian Rosenkreutz*, 1616），其作者是年轻的约翰·瓦伦丁·安德烈埃（Johann Valentin Andreae）。与炼金术相关的另一大创作流派则借鉴了中世纪的炼金术插图（alchimia picta）这一视觉形象，对经典图案加以改变，并将其与老一代炼金大师的箴言糅合（Adams and Linden 1998）。就艺术表现力而言，这一类型作品的巅峰之作莫过于米夏埃尔·迈尔的《亚特兰大的逃亡》，不过其开山鼻祖还要数《日之光芒》。与炼金术相关的图像艺术十分丰富多彩，但《日之光芒》某些存世抄本的插图之精美，无人能出其右。因此，我们有必要对这些插图的灵感来源做一番简要的考察。

22

中世纪晚期的炼金术插图

14 世纪末在弗莱芒地区出版的一首带有教化意味的隐喻诗，附带有欧洲已知最为古老的炼金术插图（设备草图或天象图不包括在内）。这首诗的作者人称“哲人之子”格拉塞乌斯（Gratheus）（Birkhan 1992）。这首诗在形式上极具原创性，但其内容显然受到了《波光粼粼的水流与星光闪耀的大地》（*Silvery Water and the Starry Earth*）一诗的启发。在10世纪的伊斯兰世界，炼金活动带有浓重的神秘色彩和象征意味，这首出自扎迪特长老 [Senior Zadith，即穆罕默德·伊本·乌迈勒·塔米尼（Muhammad ibn Umail al-Tamini）] 之手的诗歌，正是当时与炼金术相关的一部重要作品。大约在两到三个世纪之后，有人将该诗译成了拉丁文，译作名为《化学表》（*Tabula chemica*）。此外，格拉塞乌斯还创作了其他许多隐喻诗，其灵感来源包括：古希腊炼金术士帕诺波利斯的佐西莫斯（Zosimos of Panopolis）；或许曾受到古希腊影响、地位举足轻重的伊斯兰炼金术文献《群贤毕至》[*Turba philosophorum*，这份文献已知最早的印刷版本是《集会之书》（*Book of the Meeting*），出版于约公元900年，作者是奥斯曼·伊本·苏瓦伊德（Uthman ibn Suwaid）]；以及维拉诺瓦的阿纳尔杜斯，此人在其作品中最先将"贤者之石"与耶稣基督联系到一起。

格拉塞乌斯的诗作流传范围并不广，因此其作品里的插图并未受到后人的效仿。不过，在这个时期问世的另外四部作品极具影响力，在接下来的四个世纪中，启发炼金术士们提出了各种奇思妙想（Obrist 1982）。这四部作品并未受到格拉塞乌斯诗作的直接影响，但与其有着相同的两大灵感来源，即《化学表》与《群贤毕至》。这四部作品还都或直接或间接地提及了许多早先的炼金术著作，由此可见，其作者都是博学之士，并且有志于集各派学说之大成。除一部作品外，另三部作品的确切出版日期都很难确定。最为可靠的推测是，这些作品均问世于 14 世纪末 15 世纪初。

23 在这四部作品中，《曙光乍现》尽管或许算不上最为古老，但其与扎迪特长老的《化学表》一书的关系最为紧密。《曙光乍现》的第一部主要通过引用《圣经》的文字，对《化学表》进行了点评。其第二部作品则又援引炼金术著作，对第一部的内容加以点评。某些抄本认为，《曙光乍现》的作者是圣托马斯·阿奎那（St. Thomas Aquinas, 1225～1274），不过该书的问世年份更有可能在 1420 年或 1430 年前后，绝对不会早于 1400 年。除文字外，《曙光乍现》还配有 37 幅插图。有些插图描绘的是带有各种象征符号的烧瓶；另一些插图刻画的则是性交行为，以此来隐喻各类相对立的物质结合到一起；还有一些插图则以隐喻或类比的手法展示了具体工序，以帮助读者记忆与理解整个炼金过程。某些插图的灵感来源可以追溯至伊斯兰世界的炼金术作品，另一些图案甚至和帕诺波利斯的佐西莫斯有所渊源。除了一幅描绘圣三位一体的图案之外，《曙光乍现》的插图中再没有其他明显的基督教元素，不过该书的文字倒是饱含宗教意味（Franz 1966, Crisciani and Pereira 2008, Aurora 2011）。

有些人认为德语教化诗《日与月》（*Sol und Luna*）出版于 1400 年前后，另一些人则认为其出版时间晚于 1450 年。在这首诗的插图中，甚至出现了更为露骨的性爱象征符号。该诗插图中的另一些图案，诸如阴阳人的形象或是复活场景，则暗示了这部作品与《曙光乍现》存在关联。该诗插图中复活的人物正是耶稣基督，于是这又令人不禁联想起了阿纳尔杜斯的观点，即耶稣基督乃“贤者之石”的化身（在格拉塞乌斯的作品中也能找到类似的象征图案）。这些诗歌及插图很早就被收录进了《哲人玫瑰园》（*Rosarium philosophorum*，英文译为 *Rose Garden of the Philosophers*）一书中，这是最著名的拉丁文炼金术文集之一，成书时间早于 1400 年，并于 1550 年首度印刷出版（Telle 1980, 1992）。

另一部名叫《天赐的礼物》（*Donum Dei*，英文译为 *Gift of God*）的文集，则通过描绘一系列带有象征符号的烧瓶（其中同样不乏露骨的性爱图案，但并不含有基督教元素），完整地展示了整个炼金过程。这部文集用德文写成，收录的诗歌或许创作于 14 世纪中期，插图与文字并无紧密的对应关系，因此有可能是单独绘制，并且在 1450 年之前才与诗歌搭配起来。有人认为，《哲人玫瑰园》与《天赐的礼物》的作者名叫格奥尔格·奥拉赫（Georg Aurach），不过此人似乎只是活跃在1475年前后的一名抄写员（Paulus 1997）。

24

我们此前提及的四部重要作品中的最后一部名叫《圣三位一体之书》（*Buch der heiligen Dreifaltigkeit*，英文译为 *Book of the Holy Trinity*）。这部作品不含任何性爱元素，而是完全按照基督教神秘主义的观点，从宗教角度出发重新阐释了炼金术。该书的第一部分将炼金过程比作耶稣受难，并恰如其分地配了一幅相应的插图。第二部分罗列了炼金活动的实际配方。第三部分则带有政治意味，预言称一位伟大的帝王将降临人间，并战胜敌基督（Antichrist）。黑色双头鹰等纹章图案暗示着，这位帝王正是神圣罗马帝国皇帝卢森堡的西吉斯蒙德（Sigismund of Luxembourg, 1368～1437），这部作品起初正是为他创作的，他也收到了篇幅较短的一个早期版本。不过，《圣三位一体之书》的作者最终将这部作品呈献给了勃兰登堡的腓特烈一世（Frederic I of Brandenburg, 1371～1440）。根据其内容可以准确地认定，这部作品的创作始于1410年，完成于1415～1416年的康斯坦茨大公会议（Council of Constance）期间。后人将这部作品归到了一个名叫乌尔曼努斯（Ulmannus）的方济各会僧侣名下。尽管该书作者的确切姓名仍然存疑，但此人无疑是方济各会成员，因为书中最后一幅插图的内容正是圣方济各在遭受圣伤，以此来暗喻炼金成果实乃"天赐的礼物"。1433年，这位作者又为腓特烈一世之子、"炼金术士"约翰（John the Alchemist, 1406～1464）修订了该书的内容，淡化了宗教色彩，强化了炼金术元素（Junker 1986）。

中世纪的抄写员在抄写炼金术文本时，常常会加入自己的点评，并引用其他作品的内容。因此人们可能会发现，某些抄本所援引的作者在原稿写成之时甚至尚未出生。与此类似，在抄写配有插图的作品时，抄写员也可能会添加其他作品中的图案，只要它们看上去符合此人对作品的理解。这样一来，要想厘清这些文本的先后次序就变得相当困难了。比如说，《圣三位一体之书》和《日与月》（以及《哲人玫瑰园》）有四幅一模一样的图案，分别是：圣母玛利亚加冕、耶稣基督复活，以及两名分别代表"路西法三位一体"与"炼金术三位一体"的阴阳人。放在《圣三位一体之书》这部宗教意味浓重的作品中，这些插图显得更为切题。但它们同样有可能摘自《哲人玫瑰园》一书，而在这部作品中，这些图案可以起到赋予伊斯兰诗歌以基督教色彩的作用。我们无从确定《日与月》和《圣三位一体之书》的成书时间孰先孰后。假如前者更早问世，我们也无从判断，书中的插图是从一开始便已有之，还是日后才添加进去的。同样地，关于这些作品之间究竟有着怎样的关系，我们也只能妄加揣测。以1413年的《圣三位一体之书》修订版为例，书中收录了扎迪特长老作品中的两幅图案。毫无疑问，该书的原始版本并不包含这两幅图案。但我们并不能确定它们究竟源自何处，是《化学表》、《曙光乍现》、某个版本的《日与月》，还是目前尚不为人知的其他作品。

25

到了15世纪末，炼金术文集的编纂者显然已不再致力于收集原始文本，而仅仅是在“新瓶装旧酒”，改变已有合集中的内容，就炮制出了一部新作。与此类似，他们在配图时借鉴了不同的作品。这样一来，炼金术插图就逐渐演变成了各种象征符号的大杂烩。随着这种表达方式在整个文学界变得愈发流行，这样的趋势也变得更为明显。此类作品的典型形式是，为一段神秘莫测的文字与短诗搭配一幅古怪的图案，二者之间看上去则毫无关联。这样做的意图在于，通过文字和插图这两种媒介，促使读者形成各种理念，并以不拘一格的方式将这些理念结合起来，进而领会到某种深刻的意义。

炼金术作品的创作者很快便意识到，这种形式有利于他们将自己的想法包裹起来，将其装扮成一道神秘的谜题，只有冥思苦想那些象征符号、寓言和谜团，才有望破解。他们从中世纪的炼金术作品中抄录了各种图案，在脱离了原本的语境之后，又将其重新加以排列组合，显得在其背后隐藏着有关“贤者之石”的真正秘密。有时候，他们还会对图案做出改动，以便与文字更适配。比如说，用图画来描绘文学形象，添加与炼金术无关的视觉元素或是解释性的铭文，从而营造出带有全新象征意味的叙事效果。《日之光芒》正是此类具有象征意义的炼金术作品中最古老的范本，尽管其形式尚未完全成熟。因此，我们有必要细致地考察一番这部作品的渊源。

《日之光芒》的渊源

神秘莫测的赫尔曼·菲克图尔德（Hermann Fictuld）或许是18世纪最具原创性、最为博学的炼金术作者。他将炼金术相关作品整理成书出版，并配上了自己的注解。菲克图尔德将这些作品分成了两类。第一类出自真正的内行之手，第二类的作者则是假装智者的冒牌货。对于应该将《日之光芒》归为哪一类，菲克图尔德犹豫不决，但他最终还是将其纳入了杰作的行列，并加上了这样一条注解：“作者身份不详……凭借这些图案，（作者）仅仅希望向懂行的人透露自己属于哪个阶层；对于无知者而言，这无异于一部令人摸不着头脑的作品，他们从中无法获得任何教益。”[1]对《日之光芒》一书最为精炼的概述莫过于此。

1 Fictuld 1740, 98, nr 132; the second expanded edition of 1753, p.147, nr 160. 后一版本的措辞略有不同，但意思并未改变。

的确，这依旧是一部神秘的费解之作，其文字与图像会令人惊叹，但又使人着迷。《日之光芒》的抄本是如此精美，其艺术与思想上的美感会令人击节叫好。这绝不是一部东拼西凑、将各种格言与图画随意堆砌到一起的作品，其文本结构是深思熟虑的产物，插图也经过了精心编排。

《日之光芒》的文字本身其实平淡无奇，主要是援引众多炼金领域权威人士的言论，因此可以被归类为一部文集。很难说这些只言片语是直接摘录自原始文本，还是经过了其他文集的加工。并非所有引语都注明了出处，因此部分文本会显得像是《日之光芒》作者自己的手笔。某些语句的出处的确很难确定，不过致力于研究这部作品的学者已经发现，《日之光芒》潜在的主要参考对象其实是《曙光乍现》（Hartlaub 1937, Völlnagel 2004）。这两部作品不仅书名相互呼应（“曙光乍现”之后，太阳就将绽放出全部光芒），而且《日之光芒》的大量文字直接摘录自《曙光乍现》，或是作为未注明出处的引语，或是作为对《曙光乍现》部分段落的改写或总结。此外，《日之光芒》全书由七篇短文组成，其中第三篇短文包含了七则寓言，就连这样的安排似乎都松散地借鉴了《曙光乍现》的结构：《曙光乍现》分为十二章，其中也包含七则寓言。《日之光芒》一书问世时，其作者显然并未将其精巧构思完全付诸实践（或者说他已经耗尽了精力，或是对此失去了兴趣），因为最后三篇短文及之前的那段插入文字都未配插图，其内容也几乎原样照搬自《曙光乍现》（Hofmeier 2011, 49-50）。最后三篇短文之前的那部分同样有大量内容出自《曙光乍现》的第十章，如关于鸡蛋的第五则寓言。

27 某些文字与配图的关联十分紧密，甚至就是细致的图片说明（七则寓言均是如此）。另外一些文字则仅仅对插图的内容点到为止（诸如“儿童的游戏”和“妇女的活计”）。还有一些文字与插图的关联则并不明确（如七个代表行星的烧瓶等图案）。那些与文字并无对应关系的图案显然摘自其他作品。但有趣的是，《日之光芒》的作者或许认为，这些插图与文字的关联足够明显，因此不必再做解释。不过，文中曾提及或是加以描述的那些插图，则似乎是作者根据早先炼金术（或其他）作品中对某些场景的描述原创的结果，因为研究者并未发现其图像来源。因此我们可以相对确定，《日之光芒》的作者要么从一开始就打算为文字配上插图；要么是先整理好了文字，之后才为其配上插图（因为并没有哪段文字明确表示，这部作品一定会配有插图）。但无论如何，整理文字与配图的过程绝不是割裂开来的，而且作者无疑为此书倾注了大量心血。

逐页分析每幅插图的出处

截至目前，约尔格·弗尔纳格尔（Jörg Völlnagel）对《日之光芒》的研究堪称最为全面。他细致地考察了每一幅插图的参考对象、与之相似的图案，乃至其可能的灵感来源（Völlnagel 2004）。不过，他所罗列的清单并未涵盖文学作品。因此接下来在概述相关情况时，我除了指出哪些插图是直接借鉴自其他炼金术作品之外，还将补充这部分内容。至于与炼金术作品无关的那些灵感来源，则暂且不提。由于大多数插图来自《曙光乍现》一书，因此我便以约翰·弗格森（John Ferguson）的译本为准，在括号中注明对应的页码，以便读者查阅（Aurora 2011）。

首幅插图《伟大技艺的纹章》（The Arms of the Art）格外有趣，因为它仅见于《曙光乍现》（6）的部分抄本中。这其中年代最久远的一份抄本问世于约1450年。由此可见，《日之光芒》的作者势必见过这一抄本（Crisciani and Pereira 2008, 140-43）。《哲人及其烧瓶》（The Philosopher and His Flask）一图（14）同样直接照搬自《曙光乍现》（“哲人”这一形象描绘的有可能就是扎迪特长老本人）。弗尔纳格尔认为，下列图案与第三幅插图《双向喷泉的骑士》（The Knight of the Double Fountain）有着相似之处。其一是《圣三位一体之书》中出现的两名阴阳人（其中一人手持利剑，另一人则站在貌似两块岩石的物体之上，有泉水从岩石间流出）。其二则是一位站在两座熔炉之上的裸体女王，这幅图案见于1450～1475年问世的一份《圣三位一体之书》早期抄本。这三幅图案的确有些相似之处，但《双向喷泉的骑士》的灵感来源也有可能是《佐西莫斯的愿景》[*The Visions of Zosimos*，佐西莫斯又名“罗西努斯”（Rosinus）]。在这部作品中出现了一个手持利剑的铜人，他还被任命为白海和黄海这两片大海的统治者（Taylor 1937, 89-90）。接下来的插图名为《月亮女王与太阳国王》（The Lunar Queen and Solar King）。和《双向喷泉的骑士》一样，这幅插图的配文探讨的也是“两极对立”这一话题。由此可见，这两幅插图的内容都是对这一主题的生动写照（“月亮女王”和“太阳国王”分别代表“女人”和“男人”）。《月亮女王与太阳国王》一图的灵感来源显

28

然是《日与月》(《哲人玫瑰园》)或《天赐的礼物》。

《挖掘矿砂》(Mining the Ore)一图同样照搬自《曙光乍现》(85)。不过相关文字显示，接下来的插图《长着金枝的炼金树》(The Alchemical Tree with Golden Boughs)的灵感来源则是一部古典文学作品，即维吉尔(Virgil)的《埃涅阿斯记》(*Aeneid*)第四卷。《日之光芒》的作者或许是经由费拉拉的彼得鲁斯·博努斯的《新的无价之宝》一文，才间接了解到维吉尔作品中的这一形象，因为这篇文章是最早提及相关内容的炼金术作品。[1]《溺水的国王》(The Drowning King)一图以及与之呼应的那篇寓言则出处不详。其灵感或许也来自某部古典文学作品，不过相关描述文字并未透露任何线索。《阿里斯勒乌斯的愿景》(*Vision of Arisleus*)一书中记载了有关某个水底王国的传说，这与《群贤毕至》的内容有着密切关联，不过二者的具体语境截然不同。

与之类似，在早先的炼金术作品中，同样找不到与《天使与沼泽中的深肤色男子》(The Angel and the Dark Man in the Swamp)这幅引人入胜的插图明显相似的图案(根据文字的描述，该男子是一个摩尔人)。硬要说的话，可以认为其灵感或许来自大阿尔伯特撰写的一篇题为《论亚里士多德的树》(*Super arborem Aristotelis*，英文译为"On the Tree of Aristotle")的文章。作者在这篇文章中建议，某个炼金过程应该一直持续下去，"直到像埃塞俄比亚人一样黝黑的头颅被洗干净，并开始变白"；而在经

---

1 在《日之光芒》的其他段落中，彼得鲁斯·博努斯也被称作"费拉里乌斯"(Ferrarius)。由此可见，《日之光芒》的作者势必很了解他的作品。

过更长一段时间之后，头颅又将发红（Magnus 1572, 684; Jung 1980, 101-02, 注 171）。天使手中拿着的毛巾无疑是在暗示，这名摩尔人已经洗干净，他的头和双手也的确正在变色，但我们仍无法断定，这幅插图与大阿尔伯特的文章之间是否存在关联。不过，接下来那幅带有翅膀的阴阳人形象，参考了《圣三位一体之书》以及《日与月》(《哲人玫瑰园》）中类似的图案，并稍加改动，以便更好地呼应与鸡蛋以及大自然相关的那则寓言。这篇寓言本身则摘录自《曙光乍现》(75)。

29

《日之光芒》的作者明确指出了接下来两幅插图的参考来源。在《被肢解的尸体与金色头颅》(The Dismembered Body with a Golden Head）中，一名男子手持利剑，肢解有着金色头颅的尸体，《佐西莫斯的愿景》一书便描绘过这一场景（Taylor 1937, 91-2)。《被烹煮的哲人重焕青春》(The Boiled Philosopher Rejuvenated）一图则源自奥维德（Ovid）的《变形记》(*Metamorphoses*）的第七卷《美狄亚与珀利阿斯》(*Medea and Pelias*)。后一幅是《日之光芒》中又一幅参考了古典文学的插图，最早在炼金术作品中以此为参考的可能依旧是彼得鲁斯·博努斯。在《曙光乍现》中也有一幅与之类似的插图（37)，但相关文字并未提及奥维德。《日之光芒》的作者或许正是受到了这幅插图的启发。

格拉塞乌斯尝试过用带有不同象征图案的烧瓶来代表炼金术的各个步骤。《曙光乍现》进一步发展了这种手法。《天赐的礼物》则首次对这种手法加以系统性的运用。此后《自然的加冕》(*Coronatio naturae*，英文译为 *The*

Crowning of Nature）则令这种表现形式变得更加丰富。《日之光芒》中七幅行星插图的构思显然源自《天赐的礼物》，不过也进行了部分改动，并加入了一些全新的象征元素。龙（不过画面上并没有孩子在喂养它）、“白衣女王”与“红衣国王”等形象在《天赐的礼物》中也出现过，孔雀和三只鸟的图案则出自《曙光乍现》（30 和 68）。其他象征符号，诸如三头鹰和三头龙，则出处不详，而且与之对应的文字也并不包含与“三”相关的内容。

让我们来到《日之光芒》的最后一部分。《腐烂的太阳黑漆漆》（The Darkness of the Putrefied Sun）一图出自《哲人玫瑰园》。在该书的插图中，带有翅膀的太阳似乎正要从一座坟墓中冉冉升起。《日之光芒》则将这幅景象一分为二，第一幅插图描绘的是腐烂或曰死去的太阳；在第二幅插图中，太阳死而复生，重新升起，并发出耀眼的光芒。这也是刻画《红色太阳》（The Red Sun）的最后一幅插图。剩下的两幅插图《儿童的游戏》（Child’s Play）和《妇女的活计》（Women’s Work）则是以图画的形式，表现《群贤毕至》一书中毕达哥拉斯（Pythagoras）的那句名言：“炼金术就像是儿童的游戏和妇女的活计。”[后来《曙光乍现》（90）和《哲人玫瑰园》等作品也引用了这句话。]

30

总而言之，《日之光芒》的配图与 15 世纪初那些著名炼金术作品中的插图有着密切的关联，又从另外一些作品中借鉴了新的隐喻形象，还增添了一些出处不详的象征符号，这些图案有可能是该书作者的原创。有些插图与配文的关系十分紧密，这表明与《日与月》以及《哲人玫瑰园》的情况不同，《日之光芒》的配图与文字原本就有关联，并非在日后才被生硬地糅为一体。不过，成文的时间可能要早于配图。值得注意的是，读者原本期待会看到的某些象征符号，在《日之光芒》中却并未出现。比如说，《哲人玫瑰园》中的"青狮吞日"这一形象，放在《日之光芒》中就很合适。与此类似，《天赐的礼物》以及《哲人玫瑰园》(《日与月》)中还有着大量带有隐喻意味的性爱图案，看上去十分显眼。《曙光乍现》同样收录了这些图案，《圣三位一体之书》至少也对其有所暗示。在《圣三位一体之书》和《哲人玫瑰园》中还存在许多宗教元素。然而，《日之光芒》不仅未收录这些性爱图案，甚至在配文中也并未提及相关内容。

《日之光芒》的文本属于文集这一类型，大多数内容摘抄自《曙光乍现》，不过也引用了其他作者的许多言论，尤以《群贤毕至》和扎迪特长老的《化学表》为甚。(在引用前一部作品的内容时，《日之光芒》的作者要么原样照抄，要么将其归在具体的某个人物名下，要么笼统地表示其出自"哲人"之口——这样一来，确切的出处就有可能不得而知了。)《日之光芒》的作者援引的其他权威人物还包括亚里士多德(既包括他真正的著作，还包括冒用他姓名的炼金术作品)、多名伊斯兰作者(其作品的译本在中世纪已广为流传)，以及仅仅四名欧洲中世纪早期的炼金术作者，即大阿尔伯特(约 1200～1280)、"调解者"阿巴诺的彼得罗(Pietro d'Abano, 约 1257～1316)、《完美魔法的高度》(*Summa perfectionis magisterii*，英文译为 *The Height of the Perfection of the Magistery*, 约 1310)一书的作者贾比尔（真实身份可能是塔兰托的保罗）、《新的无价之宝》（约 1330）的作者彼得鲁斯·博努斯（又名“费拉里乌斯”）。

引人注目的是，阿纳尔杜斯以及拉蒙·柳利的作品在 14 世纪和 15 世纪广为流传，《哲人玫瑰园》也从中摘录了大量内容，然而《日之光芒》并未引用这些作品。鉴于《日之光芒》的作者几乎不可能不了解阿纳尔杜斯与柳利的作品，因此我们可以认为，他有意要将近期的炼金术权威人物排除在外，以便让自己的作品显得更为古老，从而更能吸引同时代人的关注。对炼金术著作烂熟于胸的读者

31

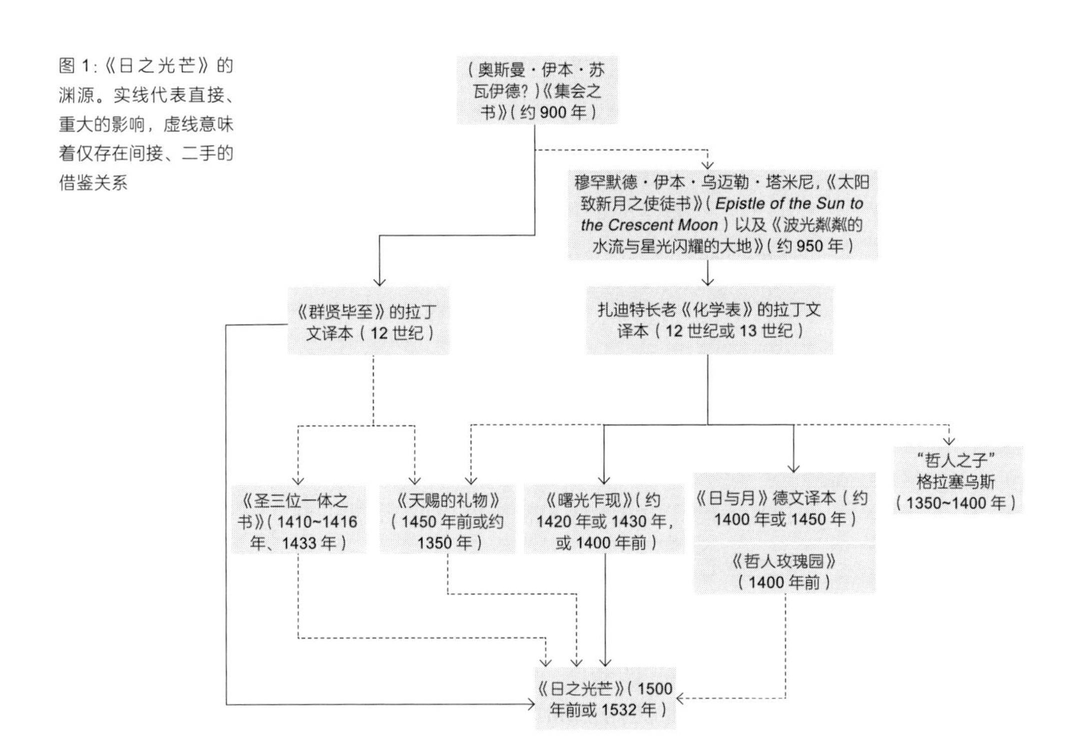

图 1：《日之光芒》的渊源。实线代表直接、重大的影响，虚线意味着仅存在间接、二手的借鉴关系

或许会认为,《日之光芒》一书只是在杂乱无章地摆弄各种象征符号。不过他们也有可能认为，该书的作者是真正的行家里手，他通过重新排列各种图案并增添新的内容，以新颖的方式揭示了隐藏在这些古老视觉隐喻符号背后的重大秘密。关于这名行家的真实身份，后世的抄写员、编纂者以及历史学者众说纷纭，但没有哪种观点能够经受住当代研究者的检验。

《日之光芒》的印刷版

至少有一名当代学者对带有插图的《日之光芒》手抄本的问世时间提出了严肃的质疑，认为其应该晚于最早的印刷版。因此，在将目光转向《日之光芒》的各个版本的手抄本之前，最好先考察一下其印刷版的历史。 *32*

正如我们已经提到的，在文艺复兴时期，炼金术之所以能重新激发人们的兴趣，原因之一便在于印刷术的普及，这使有关炼金术的文章能够被集结成册，并以相对低廉的价格出版。首部此类合集要数《论炼金术》(*De alchemia,* 1541)，其编纂者自称“克里索戈努斯·波利多鲁斯”(Chrysogonus Polydorus)。毫无疑问，此人的真实身份是伟大的人文主义者安德烈亚斯·奥西安德(Andreas Osiander, 1498～1552)。哥白尼的《天体运行论》(*De revolutionibus*)的出版同样拜他所赐(Gilly 2003, 451; Kahn 2007, 101)。《论炼金术》出版于纽伦堡，不过斯特拉斯堡和巴塞尔很快就成了出版炼金术作品的重镇。16 世纪最重要的炼金术合集便出版于巴塞尔。该书由古列尔莫·格拉塔罗洛（Guglielmo Gratarolo, 1516～1568）整理并编辑成册，由彼得罗·佩尔纳（Pietro Perna, 1519～1582）印刷出版。在格拉塔罗洛去世之后，佩尔纳独自一人继续推进这一出版计划，后来又将其传给了他的女婿康拉德·瓦尔德基尔希（Konrad Waldkirch, 1549～1616）。

这一系列合集的出版大获成功。或许是受其激励，某个“热爱炼金术之人”编辑了一部类似的三卷本合集，题目叫作《金羊毛》（*Aureum vellus*，英文译为 *The Golden Fleece*），该书于圣加仑（St. Gallen）附近的罗尔沙赫（Rorschach）出版。尽管出版商并未透露自己的姓名，但我们相当确信，这部作品出自莱昂哈德·施特劳布（Leonhard Straub, 1550～1601）之手。他正是圣加仑的首位出版商，而且当时正在罗尔沙赫营业，其印刷厂的标志也出现在《金羊毛》一书中（Wegelin 1840, 25-52, esp. 45）。该书的第一卷《文集》（*Tractatus*）出版于1598年，其编纂者还特别指出，剩下的两卷将于当年晚些时候出版。这一卷收录了据说出自萨洛蒙·特里斯莫辛（Salomon Trismosin）的文章，这个神秘的人物是“帕拉塞尔苏斯的老师”。不过事实上第二卷和第三卷直到1599年才出版，这一年份也出现在“第一卷第三部分”的版权页上（引号中实际上指的就是第三卷，这说明该书的编纂者还计划推出更多卷）。第二卷由两部分构成，收录了被认为出自帕拉塞尔苏斯以及不太为人所知的巴托洛缪斯·科恩多费尔（Bartholomaeus Korndorffer）之手的作品，后者据说是德意志著名炼金术士约翰内斯·特里特米乌斯（Johannes Trithemius）的门生。

第三卷收录的多部作品，有些注明了作者身份，有些则作者不详。这其中的首部作品就是《日之光芒》，全部 22 幅插图均用木块雕刻而成，十分粗糙（通常都经过了手工上色）。这些木刻画或许出自莱昂哈德的弟弟格奥尔格·施特劳布（Georg Straub, 1568～1611）之手，他当时刚刚在圣加仑创办了自己的印刷厂，而且恰好是一名木刻师。无论是在第三卷中，还是在其他两卷中，都没有任何迹象显示《日之光芒》的作者是萨洛蒙·特里斯莫辛。事实上除了第一卷之外，他的名字在这本书的其他地方压根就不曾出现过。由此可见，和如今的情况不同，当时人们尚未普遍将《日之光芒》归到此人名下。《金羊毛》的第四卷、第五卷于 1604 年在巴塞尔出版，而且该书的编纂者明确地表示，第五卷就是最后一卷。这两卷同样并未提及特里斯莫辛的名字。书名《金羊毛》暗指“伊阿宋与金羊毛”这一古代神话故事。在此之前，奥古雷洛的《炼金》以及奥西安德为《论炼金术》撰写的序言，都对这则故事做出了重新解读（Faivre 1993）。

于 1599 年出版的《金羊毛》第三卷想必大获成功，因为就在同一年便立刻重印了（这一次可能是由格奥尔格·施特劳布印刷）。到了 1600 年，在莱比锡又出现了该卷的盗版，据信出自亨宁·格罗斯（Henning Gross）之手。在这部盗版作品中，《日之光芒》所配的木刻插图质量很差，且并未上色。《金羊毛》第三卷的篇幅后来又有所扩大，收录了更多炼金术作品，其中最著名的要数出自另一名新近涌现的神秘作者巴西尔·瓦伦丁（Basil

Valentine）之手的两篇文章。这两篇文章的第一版在一年之前刚刚问世，《金羊毛》收录的正是这一版本。尽管书中并未指名道姓，但为《金羊毛》增添这些内容的人很可能是约翰·特尔德（Johann Thölde），因为他日后又出版了署名为"瓦伦蒂努斯"（Valentinus）的其他作品，这其中某些作品的作者有可能就是他本人。特尔德的密友约阿希姆·坦克（Joachim Tancke）是莱比锡的一名医学教授，他也撰写、编辑以及翻译了多部炼金术作品，其中部分作品同样由格罗斯出版。因此我们有理由谨慎地提出这一猜想：坦克也参与了1600年《金羊毛》盗版一事。尤其是考虑到十年之后，他又推出了一部名为《炼金术贮藏室》（*Promptuarium alchemiae*，英文译为 *Storeroom of Alchemy*）的炼金配方合集，连同一卷名为《炼金术贮藏室第一卷附录》（*Appendix primi tomi promptuarii alchymiae*）的旧文集，由格罗斯在莱比锡印刷出版，这一猜想就显得更为可信了。这部旧文集翻印了《金羊毛》盗版第三卷中的内容，收录的首部作品就是《日之光芒》（包含与《金羊毛》原版相同的木刻插图），但少了巴西尔·瓦伦丁等人增添的那部分内容。

34 1708年，《金羊毛》的全部五卷，外加一篇新序言以及《日之光芒》的全新木刻插图，由克里斯蒂安·利贝蔡特（Christian Liebezeit）在汉堡出版。十年之后，利贝蔡特和特奥多尔·克里斯托夫·费吉纳（Theodor Christoff Ferginer）又以《揭示贤者之石的秘密》（*Eröffnete Geheimnisse des Steins der Weisen*，英文译为 *Opened Secrets of the Philosophers' Stone*）这一书名，重印了该版本的《金羊毛》，连各卷扉页上的年份都未加改动。此后直到 1976 年，《金羊毛》才再度出版。这次出版的是 1718 年版本的复刻本（Frick 1976）。

正如上文已提到的，1599 年印刷出版的《金羊毛》第三卷并未暗示特里斯莫辛是《日之光芒》的作者。此后出版的各个版本也是如此。后人之所以会将该书归到这位神秘的哲学家名下，如今人们又之所以会对这一问题感到困惑，都要归咎于 1612 年由夏尔·塞韦斯特（Charles Sevestre）在巴黎出版的法文译本，其标题是“*La Toyson d'or*”。这一译本并未拘泥于原文，署名为“L. I.”的译者增添了不少段落以及大量评论。直到目前，此人的真实身份仍未确定。该译本对原版《金羊毛》第一卷的设计有所借鉴，因此特里斯莫辛的名字也被印在了其扉页上，但内文只包括《日之光芒》这一部作品，其内容则摘录自《金羊毛》第三卷，外加译者新增添的内容。

这一点或许是无心之失，或许是有意为之。后来，“J. K.”（很有可能是朱利叶斯·科恩）在 1920 年翻译出版《日之光芒》的首个现代版本时，也全盘照搬了这种做法。许多学者和研究者对此也未提出任何质疑。法文版《金羊毛》也配有单独印刷、经手工上色的木刻插图（但顺序往往是错误的）。该版本在 1613 年似乎加印过一次，并添加了那幅著名的木刻卷首插图，将《日之光芒》的大部分插图以及其他许多炼金术符号都浓缩到了一页之中。此后直到 1975 年，这一法文译本才和《金羊毛》的新德文译本一道再度出版（Husson 1975）。

《日之光芒》的所有早期或现代印刷版显然都源自

1599 年出版的《金羊毛》第三卷，大多数学者也对此表示认同。但在 2012 年，雅克·阿尔布龙（Jacques Halbronn）发表了一篇论文，认为存在一个更为古老但已佚失的德文版本（Halbronn 2012）。据他所言，这一版本与《金羊毛》法文版参考的文本同时问世，因此，与年代较晚、更为简略的各个德文版本相比，法文译本更加忠于《日之光芒》的原文。阿尔布龙的观点基于他对《日之光芒》的插图以及各版本之间差异的分析，但并不具备很强的说服力。

图 2：包含《日之光芒》的早期印刷版炼金术作品

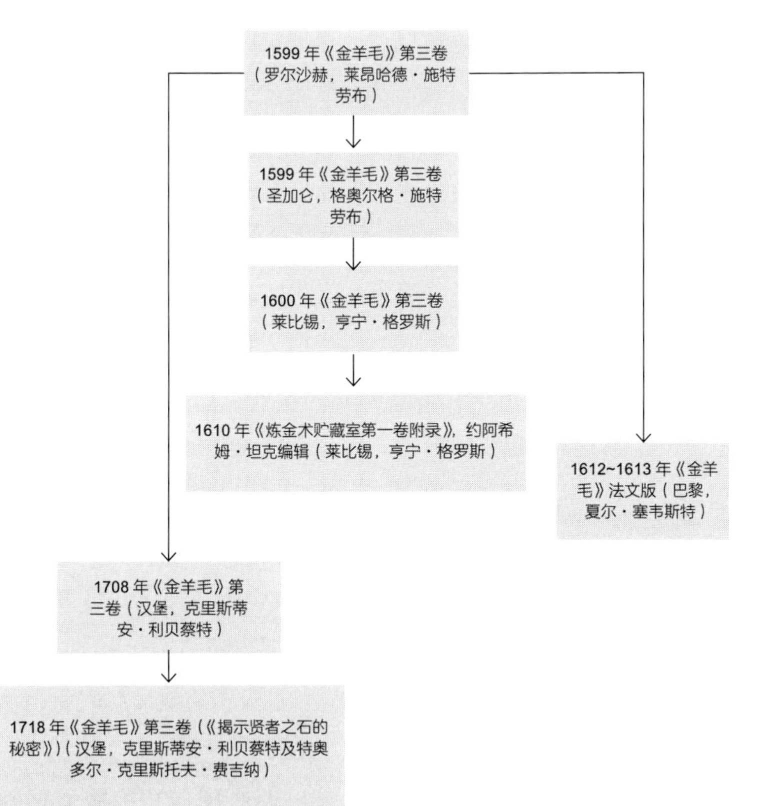

阿尔布龙最为语出惊人之处还在于，他声称，对于所有配有精美插图的《日之光芒》抄本的问世时间，人们都估计得过早了；这些版本都参考了印刷版，因此年代势必不如其久远；只有将其年代估计得较为古老，才能以高价将其售卖给对炼金术杰作感兴趣的收藏家。尽管理论上工匠的确有可能模仿数十年之前的书写与绘画风格，但就炼金术士面向同行创作的寻常抄本而言，这种情况绝不可能发生。阿尔布龙也并未考虑到，有些炼金术抄本并未配有插图（因此也就没有吸引富裕的收藏家之嫌），而这些作品的问世时间几乎肯定远早于 1599 年。因此，在判断《日之光芒》抄本的问世时间时，我们应该断然否定阿尔布龙的猜想，而支持大多数图书研究者、抄本研究者以及艺术史学者的观点。

36

存世的《日之光芒》抄本

无插图抄本

约尔格·弗尔纳格尔编纂了一份目录，详细描述了他所收集到的所有《日之光芒》抄本。这其中包括四份无插图抄本，其问世时间无疑比《金羊毛》更早（完整的目录参见本文文末的抄本列表）。

“莱顿–Q6”（*Leiden-Q6*）：这是一部炼金术作品合集，所有者是来自乌尔姆（Ulm）附近内林根（Nellingen）的约翰 · 阿尔布雷希特 · 维德曼施泰特（Johann Albrecht Widmanstetter, 1506～1557）。《日之光芒》出现在该书的中间部分，可见该副本的问世时间或许早于 1550 年。

“沃尔芬比特尔”（*Wolfenbüttel*）： 仅收录了两部作品，其中第一部名叫《炼金术之镜》（*Spiegel der Alchemie*，英文译为 *A Mirror of Alchemy*），问世于 1578 年。

“莱顿-Q17”（*Leiden-Q17*）： 这部合集收录了奥格斯堡的卡尔 · 维德曼（Karl Widemann）抄写的炼金术作品，其中《日之光芒》的问世时间很明确，为 1595 年 12 月。

“布拉格”（*Prague*）： 这是一份炼金术作品合集的副本，收录了较早之前某份抄本里的内容，并增添了另一些作品（包括《日之光芒》），问世于 1566 年之后，但不会晚于 1590 年。

如今我们可以在这一列表中再增添四份抄本，其中之一 [即“索洛图恩”（*Solothurn*）] 包含的插图与《金羊毛》中的图案十分相似，因此，对于弄清《日之光芒》的谱系而言具有重要意义。

37

“哥本哈根”（*Copenhagen*）： 收录了三部作品，其中第二部便是《日之光芒》，外加一本署有来自乌尔姆的“道伊特 · 斯特莱因”（Dauytt Stellein）字样的小册子，问世于 1576 年。根据弗尔纳格尔在其目录中的估测，主抄本用不同的笔迹写成，抄写时间或许是 15 世纪或 16 世纪。因此，这一副本的问世时间有可能早于 1550 年。

“索洛图恩”：这是一部大部头的炼金术作品合集，开篇之作便是《日之光芒》，并配有水彩插图，与《金羊毛》中的图案十分相似。其后则是其他许多炼金术作品的片段，部分内容配有抄录自《哲人玫瑰园》的插图（有些图案尚未完成）。应莱茵河畔施泰因（Stein am Rhein）的城市指挥官费利克斯·施密德（Felix Schmid, 1539～1597）的要求，来自博登湖畔的林道（Lindau am Bodensee）的汉斯·路德维希·布雷姆（Hans Ludwig Brem）于 1593 年将整本书集结成册，在封面上印上了施密德的姓名、花体签名以及纹章，在第一页上也绘制了其纹章。在第 104 页上同样有施密德的花体签名，其上方则是一首拉丁文诗歌的德文译本，其笔迹不同于《日之光芒》以及该抄本中的大部分内容，显然是这份抄本的所有者后来添加的。后文中一段拉丁文原文的德文译文，又使用了与这首诗相同的笔迹。据此可以认为，在购得或是继承了这份包含《日之光芒》的抄本之后，施密德一直在为其增添来自其他作品的内容，并最终于 1593 年将其集结成册。无法估算这份抄本最早的动笔时间是哪一年，不过势必会远早于 1590 年，甚至有可能是在 16 世纪中叶。

“卡塞尔-11”（*Kassel-11*）： 这部合集收录了出自约翰·埃克尔（Johann Eckel）之手的炼金术配方、作品节选，以及部分作品的全文。埃克尔曾担任“博学的”莫里斯方伯（Landgrave Maurice the Learned, 1572～1632）的秘书，还是其“炼金术抄写员兼图书管理员”（Moran 1991, 84）。据估算，这些作品写于1570～1610年，可能更接近于后一年份。作为埃克尔的参考书目，这部合集还收录了兰姆斯普林（Lambspring）的著作（其创作时间被标注为1553年），外加其作品中象征符号与色彩说明的副本，但品质很粗糙。由此可见，埃克尔所参考的那一版本的《日之光芒》肯定未配插图（否则他势必会以相同的方式，在这部合集中加入这些图案的副本）。

38

“慕尼黑”（*Munich*）： 这卷抄本收录了六部作品，第一部就是《日之光芒》，紧随其后的德文文章分别来自马克的伯纳德[Bernard of the Mark，又被称作特雷维索的伯纳德（Bernard of Treviso）]、帕拉塞尔苏斯[名为《宝藏中的宝藏》（*Thesaurus thesaurorum*）其实是冒名之作，最早于1574年印刷出版]，外加某个版本的《哲人玫瑰园》（《天赐的礼物》），以及两部知名度较低的作品——其中后一部作品的创作时间被标注为1578年。该卷抄本集结成册的时间或许也是这一年，可见《日之光芒》的抄写时间势必更早。在1803年之前，这卷抄本一直藏于慕尼黑的圣奥古斯丁修道院图书馆，但其最早归何人所有，尚不得而知。印有书名以及部分序言的第一页现已缺失。正因如此，直到2006年，在罗列《日之光芒》的各个版本时，约阿希姆·特勒（Joachim Telle）才首度将该抄本纳入其中。

上述合集可谓五花八门，这说明在16世纪下半叶，《日之光芒》已广为人知。《金羊毛》所收录那一版本的直接参考对象，势必与“沃尔芬比特尔”以及“索洛图恩”抄本有着密切的关联。除了《日之光芒》之外，“沃尔芬比特尔”抄本收录的唯一的炼金术作品是《炼金术之镜》。罗尔沙赫版本的《金羊毛》中同样有这篇文章，并且紧随《日之光芒》其后。不过不同之处在于，“沃尔芬比特尔”抄本并未将《炼金术之镜》归到任何作者名下，而在《金羊毛》中，它却被认为出自“乌尔里希·波伊塞柳斯”（Ulrich Poyselius）之手。这部作品并未配图，不过为插图预留了空间，并用“图像”一词做好了标记。“索洛图恩”抄本中的插图则与《金羊毛》中的图案极为相似，只不过缺少了两幅（分别是《月亮女王与太阳国王》以及《长着金枝的炼金树》）。由此可见，《金羊毛》中木刻插图参考的对象不可能是“索洛图恩”抄本中的这一组图案，而必然出自某份与之十分相似但更为完整的副本。或许最为重要的是，只有这两份抄本在《日之光芒》的开头配有一篇简短的祷文［“我既是小径，又是平坦的大道……”（Ich bin der Weeg unnd die Ebene Strassen...）］。在《金羊毛》中也能找到这段文字，但它不曾出现在任何配有插图的抄本之中。由此可见，大约在 1560 年代或是更早（考虑到“沃尔芬比特尔”与“索洛图恩”抄本的其他差别），必然有人将这篇短文添加进了这两份抄本共同的“先祖”之中。

39 或许有人会怀疑，“莱顿–Q17”抄本与《金羊毛》也有关联，因为其作者卡尔·维德曼是著名的炼金术作品收藏家兼抄写员，他甚至曾将自己的部分藏品卖给神圣罗马帝国皇帝鲁道夫二世（Gilly 1994, Richterová 2016）。另一些存世的维德曼抄本包含署名为特里斯莫辛、科恩多费尔以及假冒帕拉塞尔苏斯之名的作品，这其中的许多文本同样被收录进了罗尔沙赫版《金羊毛》中。然而在维德曼收藏的这一抄本中，《日之光芒》被归到了“皈依者乌尔里库斯·波伊塞尔”（Ulricus Poyssel canonicus）名下，《炼金术之镜》则未被收录在内（而按照《金羊毛》的说法，《炼金术之镜》的作者正是波伊塞尔或波伊塞柳斯）。更为古老的“布拉格”抄本同样将“乌尔里库斯·波伊塞尔”当作《日之光芒》的作者，不过该抄本收录的其他作品与维德曼的抄本截然不同。由此可见，这两个版本的《日之光芒》势必有所联系，有一位古老的共同“先祖”。而正是那份抄本，首次将其归到了波伊塞尔或波伊塞柳斯名下。

40 有趣的是，最古老的两份无插图抄本，即“莱顿–Q6”与“哥本哈根”，其早期所有者都与乌尔姆地区有所渊源，尽管它们显然分属不同的谱系。“哥本哈根”抄本为插图预留了空间，并用“图像”这一字样加以标注（这一点与“沃尔芬比特尔”抄本类似）。其所有者戴维·斯

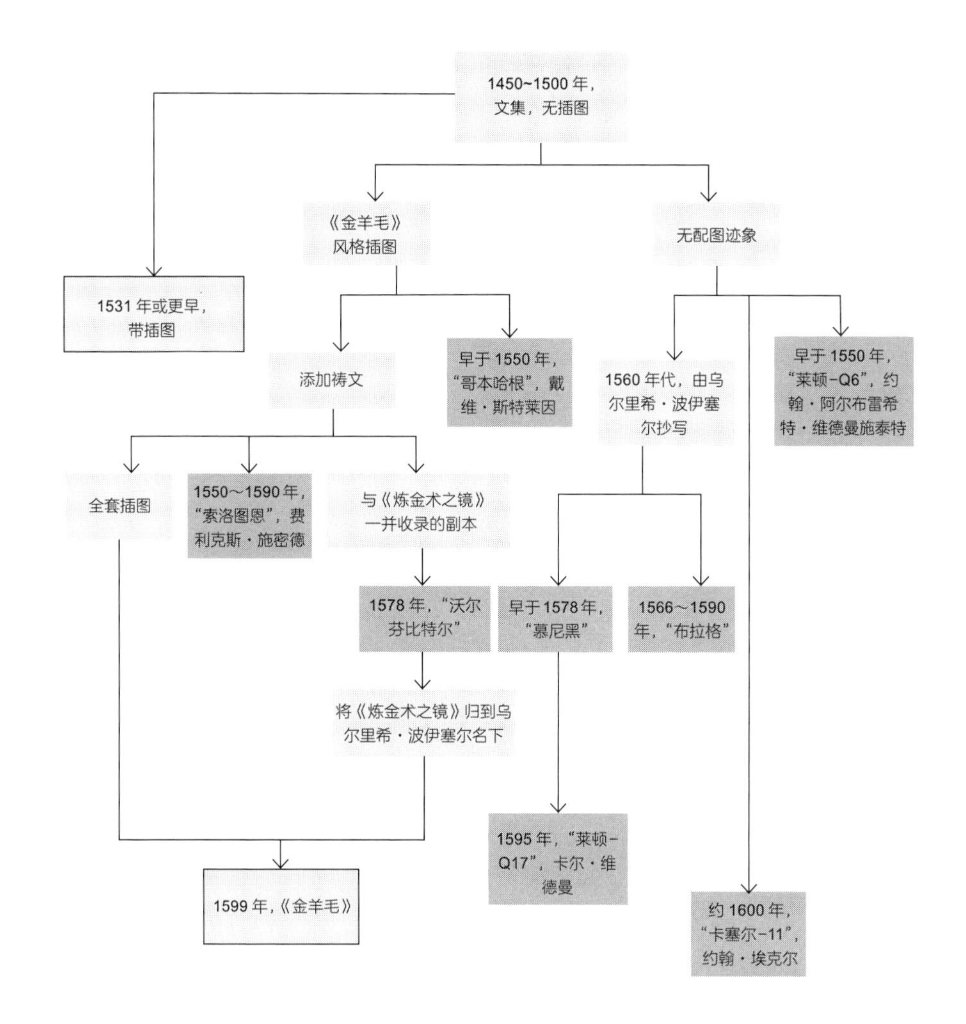

图 3：存世的无插图版《日之光芒》抄本，深色背景表示存世抄本，浅色背景表示经推测在传抄过程中可能存在的抄本，黑色边框表示与插图版以及印刷版存在差别

特莱因（David Stellein）可能是亚当·斯特莱因（Adam Stehlein）的亲戚。亚当是一名银行家，在 17 世纪上半叶活跃于乌尔姆地区（Ribbert 1991, 121），不过他生平的其他详情尚不得而知。约翰·阿尔布雷希特·维德曼施泰特则是著名的人文主义者和东方学家，他还为两任教皇担任过秘书，并且是哥白尼的支持者。维德曼施泰特对炼金术

的兴趣不为人所知，不过他在晚年间热衷于收藏来自东方的抄本，因此“莱顿-Q6”抄本可能是他早年的藏品，当时他或许正专注于另外一些知识领域。这份抄本并非由他亲手抄写，这意味着其问世时间甚至有可能是在16世纪初。

最后，“莱顿-Q6”、“慕尼黑”、“布拉格”和“莱顿-Q17”这四份抄本都属于同一谱系，即在文本中并未用“图像”等字样，为插图预留出位置。约翰·埃克尔收藏的“卡塞尔-11”则是这一谱系中最新被发现的一份抄本。这五份抄本的问世时间最早可以追溯到1550年之前，其文本均未提及任何插图，这显然说明，最初当《日之光芒》成文之时，其作者可能压根未打算为其配图，而那些插图都是日后才添加的。此外，正是“布拉格”和“莱顿-Q17”这两份属于该谱系的抄本，将《日之光芒》归到了乌尔里希·波伊塞尔名下。“慕尼黑”抄本的扉页现已缺失，不过该抄本可能也认为《日之光芒》的作者乃波伊塞尔，因为卡尔·维德曼收藏的那份抄本收录的作品与“慕尼黑”抄本一模一样，于同一批次抄写完成，只是作品的排列顺序有所不同（见《日之光芒》67～125页）。我们并不清楚，《金羊毛》为何会将《炼金术之镜》与波伊塞尔联系到一起，但在“沃尔芬比特尔”抄本中，这仍是一部佚名之作。显然，要想验证上述分析以及初步结论，就必须将所有存世抄本的文字细细比对一番。

插图版抄本

现在让我们将目光投向最令人惊叹、最为精美的插图版抄本,《日之光芒》的盛名即来源于此。共有七份这样的抄本存世，其问世时间在 1600 年前后或稍早一些。这些抄本均为羊皮纸质地，书写和绘制都十分精美。除“卡塞尔-21”（*Kassel-21*）之外，其他六份抄本都只包含《日之光芒》这一部作品。约尔格·弗尔纳格尔对这七份抄本中的六份进行了细致的描述与对比，梳理出一份令人信服的谱系（Völlnagel 2004, 137）。毫无疑问，它们都源自同一份更古老的抄本，因为在炼金术艺术作品中，“行星之子”（*Planetenkinder*，英文译为 *Children of the Planets*）这组图案仅在这些抄本中出现过，而且不同抄本中的画作都十分相似。就是否包含这组图案而言，唯一的例外是尚未完成的“费城”（*Philadelphia*）抄本，不过其他特征足以说明，该抄本也出自同一谱系。接下来我们将主要按照问世年代的顺序一一介绍这些抄本。

41

“柏林-78D3”（*Berlin-78D3*）：该抄本的扉页以及三幅插图现已缺失，这份抄本原本是鲁道夫·卡恩（Rodolphe Kann）的藏品，某人于 1903 年买下它之后，为其增添了扉页以及一幅插图。该抄本此前归何人所有，尚不得而知。有两幅插图分别显示该抄本问世于 1531 年和 1532 年，另有学者认为，前一年份的字样其实是“1535”（Hartlaub 1937, 146）。

“纽伦堡”（*Nuremberg*）： 某些装饰性边框的造型被修改过，从建筑图案变成了花卉与鸟类，接下来将提到的三份抄本也做出了相同的改动。这份抄本的出处不详，问世时间则被认定为 1545 年。

“巴黎-113”（*Paris-113*）： 自 1860 年以来，该抄本一直收藏于法国国家图书馆。此前它藏于约翰·费迪南德·冯·舍恩费尔德（Johann Ferdinand von Schönfeld）于 1799 年创建的维也纳科技博物馆（Scheiger 1824）。再往前，它则是神圣罗马帝国皇帝鲁道夫二世的藏品，这位皇帝对炼金术十分着迷。弗尔纳格尔从法国国家图书馆策展人伊莎贝尔·德劳内（Isabelle Delaunay）那里听说了“舍恩费尔德”这个名字，却误将它当成了地名，这导致他怀疑该抄本第二页上“鲁道夫二世”的签名，以及第一页上舍恩费尔德声称该抄本乃“鲁道夫二世皇帝之炼金指南”的这段文字均系伪造。但事实上我们可以确信，这份抄本的确曾是鲁道夫二世的藏品，因为舍恩费尔德（他出身于布拉格一个富裕的图书出版与销售商家庭）于 1790 年买下了鲁道夫二世的部分藏品，这也为他日后创建博物馆奠定了基础（Mikuletzky 1999）。鲁道夫二世认定，该抄本问世于 1577 年，这既可能是他购得这份抄本的年份，也可能是某人应他的要求创作出该抄本的年份。

42

“伦敦”（*London*）： 这份抄本曾是第二代牛津伯爵、莫蒂默伯爵爱德华·哈利（Edward Harley,

1689～1741）的藏品，后于1753年被英国政府买下，并藏于大英图书馆。哈利题写的字句显示，这份抄本的原主人（此人的名字后来被抹去了）从“普里默太太”（Mrs. Priemer）那里将其买下，她是“著名的奇普里亚努斯先生（Mr. Cyprianus）的侄女，这份抄本原本归这位先生所有”。有人认为，“奇普里亚努斯先生”乃来自波兰拉维奇（Rawicz）、在莱比锡大学任教的神学家约翰·奇普里安（Johannes Cyprian, 1642～1723）。然而，彼得·基德（Peter Kidd）对该抄本的出处进行了细致的研究，但仍无法确定此人的身份，也无法弄清他的侄女是如何将该抄本带到英国的。基德反倒发现，若认为此人就是神学家奇普里安，那么年代就会对不上。因为在奇普里安去世之前，哈利就已经得到了这份抄本（Kidd 2011）。此外，哈利也不太可能认为这位远在莱比锡任教的德意志神学家算得上是“著名”人物。尽管奇普里安著述颇丰，但他的作品既不曾引发争议，也并未广泛流传。因此，哈利这位英国贵族哪怕只是听说过奇普里安的名字，都足够令人感到意外了，就更不必说还将他视作“著名”人物了。“奇普里亚努斯先生”指的可能是某个距离英国更近、名头也更响亮的人物，即坎特伯雷大主教威廉·劳德（William Laud, 1573～1645）。彼得·海林（Peter Heylin, 1599～1662）为劳德撰写的传记于1668年出版，此时海林已经去世。这篇传记的题目便叫作《英国人奇普里亚努斯》（*Cyprianus anglicus*，英文译为“The English Cyprian”）。之所以这样称呼劳德，既是因为他在布道时喜欢引用圣奇普里安（即圣居普良）的作品，还因为他和圣奇普里安一样，死得很悲壮。哈利有可能知道这篇传记。他在题词中未直接提及劳德的名字，后来又抹去了将该抄本赠送给自己的那位人士的姓名，这些做法也可谓一以贯之。考虑到劳德本人曾从德意志购买了大量抄本，第 22 代阿伦德尔伯爵亨利·霍华德（Henry Howard, 1608～1652）赠送给他的抄本数量之多更是惊人（在三十年战争期间，这位伯爵同样希望努力避免这些抄本遭遇灭顶之灾），这样的假设就显得更具有说服力了（Buringh 2011, 213-14）。“奇普里亚努斯”于 1639 年将自己的藏品捐赠给了牛津大学。不过他在遗嘱中表示，希望将“去世时书房中的所有书籍”都捐献给牛津大学圣约翰学院，这表明他仍保留了部分物件（Bruce 1841, 63）。劳德是独生子，不过他的母亲生他前结过婚，因此他有许多同母异父的兄弟姐妹，他在遗嘱中也列上了侄辈的名字。这些亲属中并没有人叫作“普里默太太”，但“普里默”有可能是某个侄女后来才冠上的夫姓，又或者此人是劳德的侄孙女，名字并未被列入遗嘱之中（Bruce 1841, 63-4）。三张扉页都显示这份抄本问世于 1582 年。在弗尔纳格

43

尔看来，该抄本的内容与“纽伦堡”抄本非常相近。

“柏林-42”（*Berlin-42*）： 这是在此讨论的各抄本中年代距今最近的一份，问世于1600年前后乃至更晚。约翰·卡尔·威廉·默森（Johann Karl Wilhelm Moehsen）在有关柏林皇家图书馆馆藏中世纪文献的目录中曾提及这份抄本（Moehsen 1746, 1-6），由此可见，至少自1746年起，该抄本便收藏于柏林选帝侯图书馆（该图书馆创建于1661年）。有人认为，或许有更古老的文献曾提及这份抄本，但默森驳斥了这种观点，他认为那些文献提及的是其他抄本。此外，他还将这份抄本以及《金羊毛》中的文字加以对比，并且指出了印刷版中的某些错误。

“卡塞尔-21”： 与其他插图版抄本相比，该抄本属于另一类型。不同之处在于，这是一部由五篇文章组成的合集，《日之光芒》是第四篇。整部合集由同一人抄写，字迹十分优美。除了《日之光芒》，其他文章也配有有趣的插图。黑森-卡塞尔地区的某位方伯于18世纪上半叶买下了这份抄本。二战期间，该抄本遭到了严重破坏，即使修复之后也依然缺失了部分插图。插图不带花鸟形状的装饰性边框，而是被置于方框或是大门形状的图案之中，由此可见它们可能直接照搬自“柏林-78D3”抄本，或是某个尚不为人所知的中间版本。与其他抄本相比，这份抄本的艺术价值明显较低，但依旧算得上十分出色。其问世时间为 1588 年。

“费城”： 宾夕法尼亚大学于 1952 年买下了这份抄本。弗尔纳格尔的目录并未将其包含在内。这份抄本收录了《日之光芒》的全文，但并未配图，而是为插图留出了整页整页的空白。后人（在 19 世纪或 20 世纪初）用铅笔在这些空白页上注明了应添加的插图。还有人在封面内页上用德语题写了一段话，此举年代更近，并且提到了收藏于大英图书馆的那份抄本。此外同一页上还印有某座德国图书馆的标记以及该抄本的书目号码。这份抄本的字迹令人印象深刻，与源自“柏林-78D3”的其他抄本相比，更偏向于哥特式字体，而不是花体字。这说明其问世时间或许要更早一些。这份抄本并未最终完成，但作者显然有意将其打造为一部精美的艺术佳作。图书馆目录显示，该抄本问世于 16 世纪。

44

还可以简要地提及两份较晚的抄本。一份抄本问世于 1582 年，并于 1884 年在巴黎的一场拍卖会上被售出。1937 年，古斯塔夫·弗里德里希·哈特劳布（Gustav Friedrich Hartlaub, 1884～1963）在瑞士伯尔尼的一家私人收藏馆里鉴定了该抄本（Hartlaub 1937, 148）。问世时间表明，它很有可能是“伦敦”抄本的一份副本，在 1617 年后的某个时刻于纸上抄写完成，并增添了两幅插图（Völlnagel 2004, 173）。另一份则是问世于 18 世纪初的纸质抄本“巴黎–12297”（*Paris-12297*）。这份抄本摘录了法文版《金羊毛》中《日之光芒》的文本，以及16世纪某份插图版抄本中的插图，并对边框以及方框做出了改动，加入了与炼金术以及共济会相关的象征符号。还有许多问世年代更晚的抄本（有些只带插图）与译本，弗尔纳格尔对其中的大多数都做出了详细的描述，在此就不加赘述了。

关于《日之光芒》的谱系，还有两大根本问题有待解决。从一开始这就是一部带有插图的作品，还是说先有文字，后来才添加了插图？哪些插图出现得较早，是更具艺术价值的那些图案，还是《金羊毛》所翻印的那些粗糙的画作？研究《日之光芒》的头号权威人士弗尔纳格尔对

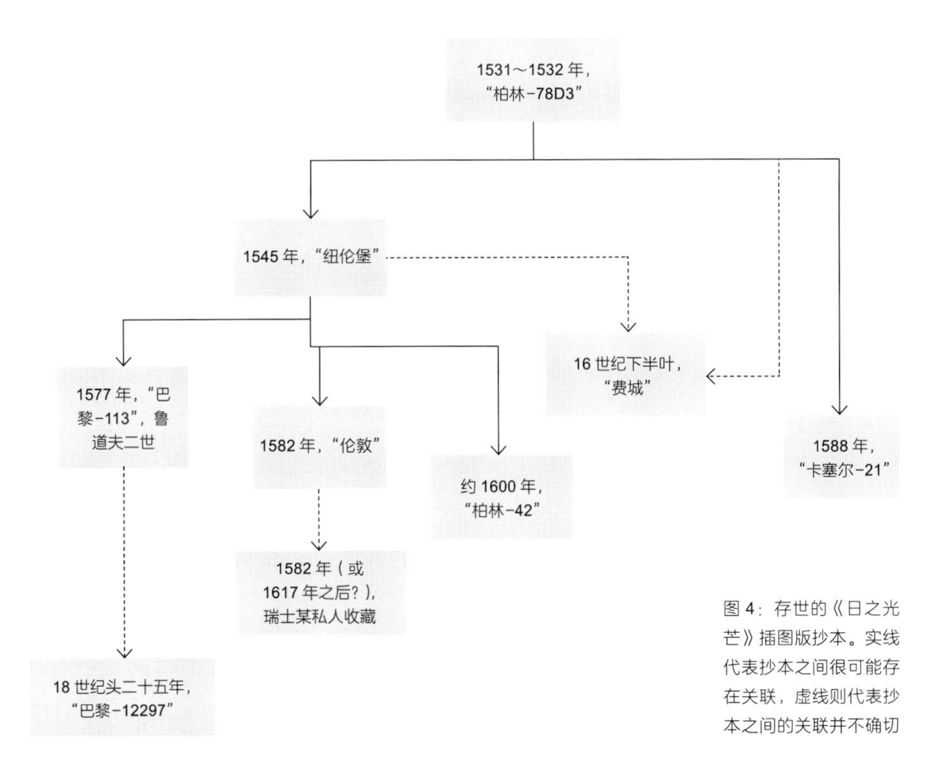

图4：存世的《日之光芒》插图版抄本。实线代表抄本之间很可能存在关联，虚线则代表抄本之间的关联并不确切

大多数抄本进行了广泛的研究，他的结论是，《日之光芒》的作者原本就打算将其打造成一部具有艺术价值的作品，文字和图片的构思均出自其一人，并由少数几名工匠负责具体执行（或许只有两人参与：一人负责写，另一人负责画）。弗尔纳格尔还认为，“柏林-78D3”就是《日之光芒》的原始样板，其他一切版本都源自这一抄本。

不过，研究炼金术抄本的另一些权威人士认为，《日之光芒》先有文字，成文于15世纪下半叶，后来才增添了插图（Broszinski 1994, 39; Horchler 2005, 153-54; Telle 2006, 425）。有五份抄本没有任何配图迹象，这似乎证实了这一派的观点，即插图都是后来才添加的。正如“索洛图恩”抄本以及较晚印刷出版的《金羊毛》所显示的，这些插图起初必然很粗糙。因为这些图案若是照搬自某份插图版抄本，那么即使这些业余工匠没有能力复制整个“行星之子”系列，至少也会以某种方式表明七个烧瓶与七大行星的对应关系。“索洛图恩”抄本插图的背景中既无人格化的诸神及其战车，甚至也没有任何象征符号（朱比特一图除外），似乎源自某份年代较早的抄本。在1531年或是之前的某个时刻，该抄本才演变成了一部精美的作品。

45

《日之光芒》的文字出自何人之手

对于作者身份不明的任何文学或艺术作品而言，弄清这一问题都十分重要，但研究者并非总能得到较为确切的解答。就《日之光芒》而言，存在两名可能的作者人

46

选。在现代学术作品中，最常被认为是《日之光芒》作者的人物，乃萨洛蒙·特里斯莫辛。但这些学术作品都发表于 1920 年之后。当时朱利叶斯·科恩的英文译本将《日之光芒》归到了特里斯莫辛名下，这促使许多研究者不假思索地接受了这一观点。荣格论述炼金术象征符号的著作广为流传，这使特里斯莫辛是《日之光芒》作者的观点更加深入人心（Jung 1980, passim; Holmyard 1957, 158, figs. 30-32; Lennep 1985, 110-129; Gabriele 1997, 158, 173）。然而在此之前，学者从未将《日之光芒》归到特里斯莫辛名下（Lenglet du Fresnoy 1742, Schmieder 1832, Kopp 1886, Ferguson 1906）。正如前文讨论过的，在《金羊毛》中，署名为“特里斯莫辛”的多篇文章与《日之光芒》分属不同的卷，法文版《金羊毛》只收录了《日之光芒》这一部作品，却在扉页（以及卷首插图页）上保留了“特里斯莫辛”的名字。这既有可能是出于推广考虑，也可能是无心之失。

另一个可能的作者人选是乌尔里希·波伊塞尔，“布拉格”和“莱顿-Q17”这两份抄本都将《日之光芒》归到了他名下。作为《炼金术之镜》的作者，波伊塞尔的名字也出现在《金羊毛》中。而在这部合集中，《炼金术之镜》一文紧随《日之光芒》之后。按照《金羊毛》中的说法，波伊塞尔是在巴伐利亚宫廷里效力的一名神父，他于 1471 年去世，安葬在巴拉丁（Palatinate）地区的“曼斯明斯特”（Mannssminster）。弗尔纳格尔驳斥了这一观点，认为“布拉格”和“莱顿-Q17”均源自一份更古老的抄本，而且在抄写过程中，误以为其收录的第一部作品的作者

（也就是波伊塞尔）同样撰写了抄本中的第二部作品，即《日之光芒》。实际情况可能的确如此。不过弗尔纳格尔的核心论据是，《日之光芒》在 1471 年尚未成文，这一观点就算不上确凿无疑了（Völlnagel 2004, 30-31）。弗尔纳格尔并未考虑到这种可能性：那两份抄本的确有可能弄混了其收录的两部作品的作者，只不过波伊塞尔确实是《日之光芒》的作者，却被误认为同样撰写了第一部作品。由此可见，仍有必要核实“乌尔里希・波伊塞尔”的身份。

约阿希姆・特勒就尝试这样做过。他发现，波伊塞尔・冯・洛伊夫林（Poyssel von Loifling）这一巴拉丁地区贵族家庭的成员们，的确安葬于当地卡姆明斯特（Chammünster）修道院的礼拜堂里。其中有一人名叫乌尔里希，1448～1475 年在卡姆（Cham）担任公爵的收税官（Telle 2006, 431）。进一步的研究还显示，乌尔里希其实死于 1494 年，而不是 1471 年。在卡姆修道院的礼拜堂里，有一扇彩窗上印有他的名字、纹章、“1471”这一年份，外加另外四人的纹章以及同一年份。不过“1471”指的应该是，该礼拜堂在这一年成了这四个家族的安葬场所，而并非意味着这些人中有谁死于 1471 年（Hager 1906, 52-53; Parello 2015, 369）。基于这些发现，乌尔里希・波伊塞尔似乎就是我们要找的那个人。

47

然而正如特勒所发现的，还存在另一个乌尔里希・波伊塞尔。此人活跃于 1560 年代，在巴伐利亚公爵阿尔布雷希特五世（Albrecht V）的宫廷里效力。他似乎撰写过两篇炼金术作品：《论最高级的蛋或哲人的限度》（*De summo philosophorum ovo sive termino*，英文译为“On the Highest Egg or Limit of the Philosophers”），以及《神圣技艺之书》（*De arte sacra liber*，英文译为“The Book on the Sacred Art”）。斯图加特国家档案馆里一份古老的化学书籍目录印有如下字样：“此乃破解乌尔里希·波伊塞尔作品《日之光芒》的钥匙。”这指的肯定就是上述这同一位波伊塞尔。由此可见，他其实是《日之光芒》的抄写者和译者，而不是其作者，因为早在至少三十年前，甚至可能在更早之前，这部作品就已经完成了（Telle 2006, 431-32）。

巴伐利亚大主教恩斯特（Ernst, 1554～1612）所使用的炼金指南，也被认为出自波伊塞尔之手。最为有趣的是，假亚历山大·冯·苏赫滕（Pseudo-Alexander von Suchten）在《对帕拉塞尔苏斯之医生的酊剂的说明》（*Explicatio tincturae physicorum Theophrasti Paracelsi*，英文译为“Explication of the Physicians’ Tincture of Theophrastus Paracelsus”）一文中也引用了这份指南，该文则被收录进卡尔·维德曼收藏的“莱顿–Q17”抄本之中。维德曼的密友本笃·菲古卢斯（Benedictus Figulus）后来出版了这篇文章，文章中先是引用了康拉德·波伊塞尔（Conrad Poyssel）的《帕拉塞尔苏斯的最亲密朋友》（*Theophrasti Familiarissimo*，英文译为“The Closest Friend of Theophrastus [Paracelsus]”）一文，接下来又在列举建议进一步阅读的材料时，将《乌尔里希·波伊塞尔之〈日之光芒〉》（*Udalrici Poysselii Splendorem Solis*）排在了第二位，仅次于假冒帕拉塞尔苏斯之名的作品《医生的酊剂》（*Tinctura physicorum*; Figulus 1608, 205, 210）。

因此显而易见，乌尔里希·波伊塞尔要么假装自己是

《日之光芒》的作者，要么拥有过一份抄本，并在上面签下了自己的名字，随后他又将该抄本借给了其他人，供其抄写。这样一来，他的名字就与《日之光芒》乃至《炼金术之镜》捆绑到了一起。后一种假设更为可信。“沃尔芬比特尔”抄本同时收录了《日之光芒》与《炼金术之镜》这两部作品，但并未提及波伊塞尔，可见此抄本属于该谱系中的另一分支。情况想必是这样：在某个时刻，一名很了解卡姆明斯特修道院情况的抄写员误将这位波伊塞尔当成了生活在15世纪的那位波伊塞尔，还将礼拜堂彩窗上的“1471”这一年份，误当成了老波伊塞尔去世的年份。康拉德·波伊塞尔则被认为是帕拉塞尔苏斯的朋友或学生（或许还有意让读者把他当成乌尔里希·波伊塞尔的父亲）。之所以要提到康拉德的名字，则是为了将帕拉塞尔苏斯刻画为最卓越的炼金术士，令其生平更具传奇色彩。

48

因此和许多炼金术作品的情况一样，编纂了《日之光芒》这部文集的那位炼金术爱好者究竟是谁，依旧无法确定。

《日之光芒》的插图出自何人之手？

关于谁为《日之光芒》的插图版抄本构思并绘制了原始模板（包括是谁决定将“行星之子”这一系列纳入其中），艺术史学者已经揣测了近一个世纪。

最早从这一视角出发，对《日之光芒》展开研究的学者是古斯塔夫·弗里德里希·哈特劳布。他提出了“新客观性”（New Objectivity）这一著名术语，用以描述 1920 年代德国艺术界的后表现主义运动。在发表于 1937 年的一篇论文中，哈特劳布提出，《日之光芒》的插图出自一群纽伦堡艺术家之手，这些人属于阿尔布雷希特·丢勒（Albrecht Dürer）及其门生开创的画派。至于这些艺术家具体是谁，哈特劳布认为，七幅烧瓶图案可能由尼古劳斯·格洛肯东（Nikolaus Glockendon, 1490/1495～1533/1534）绘制，剩下的图案则可能出自汉斯·泽巴尔德·贝阿姆（Hans Sebald Beham, 1500～1550）、格奥尔格·彭奇（Georg Pencz, 约 1500～1550），或是同一画室的某名画家之手（Hartlaub 1937, 148-158）。

四十年后，研究炼金术问题的法国历史学者勒内·阿洛（René Alleau）指出，“行星之子”这一系列的模板正是贝阿姆的蚀刻画（有人也会将这些蚀刻画归到彭奇名下，但阿洛并不这样认为）。由此可见，贝阿姆势必就是《日之光芒》插图的主要创作者，尼古劳斯·格洛肯东及其弟弟阿尔布雷希特（Albrecht）或许也曾助他一臂之力（Alleau 1975, 265-85）。

雅克·范·伦内普（Jacques van Lennep）则提出了另两种假说。他先是将《日之光芒》的插图归到了一群受意大利影响的荷兰风格主义画家名下，诸如伯纳德·范·奥尔莱（Bernard van Orley）、兰斯洛特·布隆德尔（Lancelot Blondeel）、兰伯特·隆巴德（Lambert Lombard）以及扬·范·斯科雷尔（Jan van Scorel; Lennep 1966, 50-61）。大约二十年之后，他彻底改变了主意，转而认为阿尔布雷希特·格洛肯东才是这些插图的主要创作者，背景以及

49

带有花鸟图案的边框则分别出自贝阿姆与弗莱芒绘画大师西蒙·贝宁（Simon Bening, 1481～1561）之手（Lennep 1985, 111-14）。

芭芭拉·登特勒（Barbara Daentler）在一篇研究阿尔布雷希特·格洛肯东的专题论文中同样提出，至少有部分《日之光芒》插图出自这位画家之手（Daentler 1984, 102-108）。上述学者都一致认为，这份抄本是为美因茨大主教勃兰登堡的阿尔布雷希特（Albrecht of Brandenburg, 1490～1545）创作的。

乌尔里希·默克尔（Ulrich Merkl）提出了不同观点。他认为这部作品是应勃兰登堡的阿尔布雷希特的哥哥约阿希姆一世·内斯托尔（Joachim I Nestor, 1484～1535）的要求创作的。承接这一任务的人则是彭奇，所有插图都是他的手笔（Merkl 1999, 498-502）。但这种观点并未被普遍接受。斯坦尼斯拉斯·克洛索夫斯基·德·罗拉（Stanislas Klossowski de Rola）在未出版的两卷本《日之光芒》研究专著中也坚持认为，最早设计并绘制这些插图的画家是阿尔布雷希特·格洛肯东。罗拉还进一步提出，其他所有插图版抄本均出自格洛肯东家族的其他成员之手。比如说，问世于 1582 年、现藏于大英图书馆的“伦敦”抄本，就是尼古劳斯之子加布里埃尔·格洛肯东（Gabriel Glockendon, 约 1515～约 1595）的手笔（Klossowski de Rola 2004）。

弗尔纳格尔对《日之光芒》插图的研究可谓最为深入。他并不认为这些插图出自纽伦堡画派之手，而是更倾向于将其归到由老汉斯·霍尔拜因（Hans Holbein the Elder, 约 1465～1524）及其门生开创的奥格斯堡画派名下。通过将该画派不同艺术家作品的特征加以对比，弗尔纳格尔最终断定，所有插图都由老约尔格·布罗伊（Jörrg Breu the Elder, 约 1475～1537）一人绘制，此人则是老汉斯·布格克迈尔（Hans Burgkmair the Elder, 1473～1531）的学生。

不过，弗尔纳格尔的这一论点并不足以说服所有人。他提出，“柏林-78D3”抄本可能是原始范本。约阿希姆·特勒则认为这一假说“风险很大”，并且怀疑《日之光芒》插图的作者并非布罗伊（Telle 2006, 426）。

米夏埃尔·罗特（Michael Roth）是铜版画陈列馆（Kupferstichkabinett，“柏林-78D3”抄本正收藏于此）的策展人，2005 年的柏林《日之光芒》主题展便由他策划。罗特同样反对弗尔纳格尔的观点，并指出，“关于这些插图出自何人之手，学者提出了各种各样的观点，这段多层面的历史”表明，要确定其创作者的具体身份是极其困难的。在罗特看来，我们对德国南部以及奥地利的书籍插画家仍了解甚少，因此“依然有望获得重大发现，改变我们对这一问题的认知”（Roth, Metze and Kunz 2005, 15）。 *50*

用谱系学的方法破解谜题

谱系学这一方法虽然算不上是能彻底解开《日之光芒》插图作者之谜的重大发现，但仍有助于我们朝着这个方向迈进，因此有必要在此简要地对其展示一番。让我们从另一份《日之光芒》抄本出发。迄今，除了特勒曾提及存在这样一份抄本之外（Telle 2006, 430），其他学者对其仍丝毫未加注意。正如前文指出的，这是目前已知的唯一比《金羊毛》更早问世的插图版抄本，并且与该印刷版有着密切的关联。其品质比无插图抄本出色得多，但要远逊于其他插图版抄本。

这份抄本已知最早的所有者是来自莱茵河畔施泰因的富商费利克斯·施密德。1593 年，他在《日之光芒》之后又增添了另外几部炼金术作品（并且亲自将拉丁文译成德文），然后花大价钱将其集结成册。施密德还曾担任当地的司库以及军事指挥官，并且与奥格斯堡、纽伦堡、乌尔姆、苏黎世以及该地区的其他大城市都有贸易往来。弗里达·玛丽亚·胡根贝格（Frieda Maria Huggenberg）对 16 世纪瑞士炼金界的研究十分吸引人。她指出，施密德是邻近城镇沙夫豪森（Schaffhausen）某个“哲学学会”的会员，对炼金术尤为痴迷（Huggenberg 1956）。该学会的创建者是他的表亲约翰·康拉德·迈尔（Johann Conrad Meyer）。此人绰号为“博学的市长”，他与圣加仑的炼金术士——肖宾格（Schobinger）家的两兄弟托比亚斯（Tobias）和达维德（David, 1531～1599）是好朋友，或许正是受其影响才迷上了炼金术。托比亚斯和达维德的父亲是著名的巴托洛缪斯（Bartholomeus, 1500～1585），他于 1528 年结识了帕拉塞尔苏斯，并且成了其朋友与仰慕者，收藏了其大量作品与书信（Gamper and Hofmeier 2014）。

51

迈尔娶了巴托洛缪斯的外甥女、托比亚斯与达维德的表妹海伦娜·施陶德（Helena Stauder），这样一来，他与肖宾格这一炼金世家的关系就更为亲密了。通过亲缘关系和四段婚姻，施密德与迈尔以及沙夫豪森炼金界的其他人也建立起了密切的联系。这些人中就包括来自奥格斯堡的移民海因策尔（Heinzel）兄弟。后来人们才意识到，他们原来是骗子。胡根贝格甚至还发现了一份由施密德撰写、能够证明这两兄弟劣迹的文件（Huggenberg 1956, 120-23），外加大量家谱资料。这些资料记载着出身瑞士贵族阶层的炼金术士之间紧密的亲缘关系。正如胡根贝格所言，他们中的许多人之所以会爱上炼金术，要么是在年幼时便受到了父辈的熏陶，要么就是受到了同样爱好自然科学的妻子的影响。

施密德是“索洛图恩”抄本的所有者，他的父亲名叫老费利克斯·施密德（Felix Schmid the Elder, 约 1490～1563？），曾担任莱茵河畔施泰因市市长。他的母亲名叫伊丽莎白·施托卡尔（Elisabeth Stokar），来自沙夫豪森，是该地区首屈一指的炼金术士约翰·康拉德·迈尔的表亲。不过，事关《日之光芒》插图的作者身份问题，更为有趣的一点还在于，施密德的父亲有一个很亲密的堂兄弟，名叫托马斯·施密德（Thomas Schmid），又名格拉泽（Glaser, 约 1490～1555/1560），是知名画家。托马斯出生于沙夫豪森，他的父亲很可能是玻璃制造商兼玻璃画师汉斯·施密德（Hans Schmid）。汉斯应为老费利克斯的叔叔，因为他们二人均使用同一款纹章，而且早在 1515 年，汉斯就为费利克斯绘制过肖像画（Frauenfelder 1958, 225-63; Fabian 1965, 14-15, 59; Andreänszky 1972）。已知托马斯的主要成就包括，构思并与两名合作者一道绘制了莱茵河畔施泰因市圣乔治修道院主大厅的多幅湿壁画（1515～1516）。这两名合作者分别是安布罗修斯·霍尔拜因（Ambrosius Holbein, 约 1494～约 1519），以及康拉德·阿波特克 [Conrad Apotheker，又名施尼特（Schnitt, 1495/1500～1541）]。尼古劳斯·曼努埃尔 [Nikolaus Manuel，又名多伊奇（Deutsch, 1484～1530）] 或许也曾助他一臂之力。当地“白鹰楼”（White Eagle house）外墙上的一幅绘制于 1522～1523 年的大型壁画，据说也是托马斯的作品（Hesse 1998）。

托马斯绘画风格的许多特征都表明，他深受奥格斯堡画派的影响。这种影响显然源自霍尔拜因家族（事实上，圣乔治修道院里的某幅画作描述的内容正是，该画派艺术家围聚在安布罗修斯的兄弟小汉斯·霍尔拜因及其父亲老汉斯的周围；有趣的是，画面中的人物还包括老费利克斯·施密德）。有意思的是，艺术史学者认为，托马斯还受到了老汉斯·布格克迈尔绘制的“行星”系列木版画的影响，而后者正是约尔格·布罗伊的师傅（Tanner 1990, 27）。基于这一点，再加上无论是在亲缘关系上，还是在社会关系上，托马斯都与“索洛图恩”抄本的主人有着密切的联系，可见绘制《日之光芒》插图的艺术家正是他，而并非布罗伊。

52

托马斯所作壁画的许多特征、安布罗修斯·霍尔拜因的画作《圣母与圣子》（*Mary and the Child*, 1514）中的小天使形象，以及康拉德·阿波特克在巴塞尔大学新生名册上绘制的带纹章的大门图案（1523），都会令人联想到《日之光芒》的插图（Völlnagel 2004, 115）。其中最后那幅图案不仅与《伟大技艺的纹章》这一插图相似，而且和所有插图版《日之光芒》抄本一样，均是在羊皮纸上完成的。最为重要的是，托马斯的另一画作《对无辜者的大屠杀》(*Massacre of the Innocents*)的某些特征，也与《日之光芒》的插图惊人地相似(Tanner 1990)。我们并不清楚上述画家是否对炼金术感兴趣，不过考虑到阿波特克和曼努埃尔都出身于药剂师家庭，他们想必熟谙各种实验操作技巧乃至炼金理论，应该很有可能也是炼金术的爱好者。作为玻璃制造商之子，托马斯则势必了解如何“驾驭火焰”。

除了家谱之外，纹章也能提供有趣的线索，尽管尚不清楚应对其做出怎样的解读。在莱茵河畔施泰因市有一幅创作于1576年的玻璃画作(如今只有一张老照片存世)，其创作者是来自沙夫豪森的小丹尼尔·林特迈尔(Daniel Lindtmayer the Younger, 1552～1607年之前)。这幅画描绘的正是“索洛图恩”抄本的所有者小费利克斯·施密德及其最后一任妻子，外加他先后四任妻子的纹章(Boesch 1939, 40, 插图25)。他的首任妻子名叫玛丽亚·古滕松·冯·松嫩贝格(Maria Guttenson von Sonnenberg)，其纹章与“伟大技艺的纹章”几乎一模一样，均在盾牌上绘有一个太阳(其下则是五座山)。该图案显然源自“松嫩贝格”这一姓氏，因为其字面意思就是“太阳山”。《日之光芒》的原版插图显然不可能借鉴这一图案，因为玛丽亚的父亲汉斯·古滕松(Hans Guttenson, 卒于1568年)是圣加仑和苏黎世地区享有盛名的造币厂厂长，直到于1561年买下了松嫩贝格城堡之后，他才开始使用“冯·松嫩贝格”这一姓氏(Hahn 1913)。前文已经提到，在两份《曙光乍现》的抄本中，早就出现了“太阳纹章”这一图案。其中较早的那份抄本[即“内拉霍泽韦斯”(Nelahozeves,

53

VI Fd 26）] 大约问世于 1450 年，另一份抄本 [即“莱顿”（Leiden, VC F. 29）] 也问世于 1526 年之前（Crisciani and Pereira 2008）。顺带提一句，就此也可以对弗尔纳格尔的观点提出质疑。他声称，《日之光芒》的作者参考的是《曙光乍现》的某份德文版抄本（现藏于柏林国家图书馆，Cod. germ. qu. 848）。然而，这份抄本中并未出现《伟大技艺的纹章》这一插图。由此可见，《日之光芒》的作者势必还至少参考过一份其他抄本。

关于《日之光芒》的插图出自何人之手这一谜题，上述解答显然还只能算作一家之言，仍有牵强附会之处。诸多线索均指向托马斯·施密德及其亲朋好友，这些人都属于由霍尔拜因开创的奥格斯堡画派，因此与弗尔纳格尔提出的假设并不冲突。这一解答的有力之处在于，它将《日之光芒》插图的作者与“索洛图恩”抄本的所有者联系到一起，而“索洛图恩”抄本毫无疑问源自某个更古老的抄本，那一抄本则势必是原版插图参考的范本。至于这一更古老的版本是“柏林-78D3”，还是问世时间更早的某个抄本，则是另一个问题。就当下而言，有必要回顾一下米夏埃尔·罗特的如下言论：“可见，这部作品依旧在践行炼金之道，依旧守护着自己的秘密。我们依旧希望今后能提出更多真知灼见，发现它与其他作品的更多关联，从而最终破解《日之光芒》的成书谜团，为找寻‘贤者之石’这段永不停步的旅程开启新的篇章。”（Roth, Metze and Kunz 2005, 16）

致谢

我要感谢下列图书馆管理员热心地查阅其馆藏抄本，并向我提供有关其特征的重要信息。他们是：利斯贝特·克罗内·马库森（Lisbet Crone Markussen，丹麦皇家图书馆抄本与历史典籍部）、朱利安娜·特雷德博士（Dr Julianne Trede，德国巴伐利亚州立图书馆抄本、古籍与科学作品部），以及恩斯特-扬·蒙尼克博士（Dr Ernst-Jan Munnik，莱顿大学图书馆特种收藏部）。我还要感谢斯蒂芬·斯金纳博士向我推荐《日之光芒》抄本的电子版资料。

抄本引表

以下是本文提及的全部抄本及收藏处，已知问世于1600年之前的所有抄本尽在其列。 54

插图版抄本

Berlin-78D3 – Kupferstichkabinett, Staatliche Museen zu Berlin, Preussischer Kulturbesitz, Cod. 78 D 3 (41 folios)

Berlin-42 – Staatsbibliothek zu Berlin, Preussischer Kulturbesitz, Cod. germ. f.42 (67 folios)

Kassel-21 – Universitätsbibliothek Kassel, Landerbibliothek und Murhardsche Bibliothek der Stadt Kassel, 2° Ms. chem. 21 (on ff.63–116)

London – British Library, Harley Ms. 3469 (48 folios)

Nuremberg – Germanisches Nationalmuseum, 4° Hs. 146 766 (48 folios)

Paris-113 – Bibliothèque Nationale de France, Ms. allemand 113 (49 folios)

Paris-12297 – Bibliothèque Nationale de France, Ms. français 12297 (85 folios)

Philadelphia – University of Pennsylvania, Rare Book and Manuscript Library, Edgar F. Smith Memorial Collection, Ms. Codex 108 (41 folios)

Swiss private (1937 in a private collection in Bern, probably post-1617 copy of London manuscript)

其他抄本

Kassel-11 – Universitätsbibliothek Kassel, Landesbibliothek und Murhardsche Bibliothek der Stadt Kassel, 2° Ms. chem. 11[4] (on ff.134–47)

Copenhagen – Det Kongelige Bibliotek, GKS 3508 oktav (on ff.14v–33)

Leiden-Q6 – Rijksuniversiteit Bibliotheek, Cod. Voss. Chym. Q. 6 (on ff.49v–77)

Leiden-Q17 – Rijksuniversiteit Bibliotheek, Cod. Voss. Chym. Q. 17 (on ff.99v–125)

Munich – Bayerische Staatsbibliothek, Hss Cgm 4228 (on ff.II–XLIIII)

Prague – Knihovna pražské metropolitní kapituly / Archiv Pražského hradu, Ms. 1663, O. 79 (on ff.176–94v)

Solothurn – Zentralbibliothek, Cod. S I 185 (on ff.1–20v)

Wolfenbüttel – Herzog August Bibliothek, Cod. Guelf. 43 Aug. 4° (on ff.35–76)

参考书目

Adams, Alison, and Stanton J. Linden, eds. 1998. *Emblems and alchemy*. Glasgow: University of Glasgow.

Alleau, René. 1975. "Splendor solis. Étude iconographique du manuscrit de Berlin". In *Salomon Trismosin: La toison d'or ou la fleur des trésors. Texte de l'édition française de 1622*, edited by Bernard Husson, 265–285. Paris: Retz.

Andreänszky, Arpad Stephan. 1972. "Thomas Schmid". *Schaffhauser Beiträge zur vaterländischen Geschichte* (49).

Aurora. 2011. *Aurora consurgens (Morning rising). Books I and II, attributed to St Thomas Aquinas*. Translated by Paul Ferguson, *Magnum Opus Hermetic Sourceworks* (40). Glasgow: Adam McLean.

Birkhan, Helmut. 1992. *Die alchemistische Lehrdichtung des Gratheus filius philosophi in Cod. Vind. 2372. Zugleich ein Beitrag zur okkulten Wissenschaft im Spätmittelalter*. 2 vols, *Philosophisch-Historische Klasse Sitzungsberichte, Bd. 591 (Schriftenreihe der Kommission für Altgermanistik)*. Vienna: Verlag der Österreichischen Akademie der Wissenschaften.

Boesch, Paul. 1939. "Schweizerische Glasgemälde im Ausland: Sammlung des Herrn Dr W. von Burg, Schweiz. Generalkonsul in Wien". *Zeitschrift für schweizerische Archäologie und Kunstgeschichte* (1): 40–42.

Broszinski, Hartmut. 1994. *Lux lucens in tenebris: Splendor solis oder Sonnenglanz. Zur alchemistischen Handschrift 2° Ms. Chem.*

21 der alten Kasseler Landesbibliothek. Fulda: Fonds Hessischer Arzneimittelfirmen.

Bruce, John, ed. 1841. *Original letters and other documents relating to the benefactions of William Laud, Archbishop of Canterbury, to the County of Berks*. London: Berkshire Ashmolean Society.

Buringh, Eltjo. 2011. *Medieval Manuscript Production in the Latin West: Explorations with a Global Database, Global Economic History Series* (6). Leiden: Brill.

Colonna, Francesco. 1999. *Hypnerotomachia Poliphili: The strife of love in a dream*. Translated by Joscelyn Godwin. London: Thames & Hudson.

Crisciani, Chiara. 1973. "The conceptions of alchemy as expressed in the Pretiosa Margarita Novella of Petrus Bonus of Ferrara". *Ambix* no. 20: 165–181.

Crisciani, Chiara, and Michela Pereira. 2008. " 'Aurora consurgens': Un dossier aperto". In *Natura, scienze e società medievali: Studi in onore di Agostino Paravicini Bagliani*, edited by Claudio Leonardi and Francesco Santi, 67–150. Florence: SISMEL edizioni del Galluzzo.

Daentler, Barbara. 1984. *Die Buchmalerei Albrecht Glockendons und die Rahmengestaltung der Dürernachfolge, TuduvStudien: Reihe Kunstgeschichte* (12). Munich: TuduvVerlagsgesellschaft.

Fabian, Ekkehart. 1965. *Holbein-Manuel-SchmidStudien: Historisch-bio-und ikonographische Untersuchungen dreier Schwurgruppenbildnisse von Ambrosius Holbein, Niklaus Manuel Deutsch und Thomas Schmid. Ein Beitrag zur Geschichte der Renaissance und der Reformation am Oberrhein und Bodensee, Schriften zur Kirchen-und Rechtsgeschichte* (32). Tübingen: Osiandersche Buchhandlung.

Faivre, Antoine. 1993. *The Golden Fleece and alchemy, SUNY*

Series in Western Esoteric Traditions. New York: State University of New York Press.

Ferguson, John. 1906. *Bibliotheca chemica: A catalogue of the alchemical, chemical and pharmaceutical books in the collection of the late James Young of Kelly and Durris, Esq., Ll.D., F.R.S., F.R.S.E.* Glasgow: James MacLehose and Sons.

Fictuld, Hermann. 1740. *Der längst gewünschte und versprochene chymischphilosophische Probier-Stein. Frankfurt-Leipzig*: Michael Blochberger.

Figulus, Benedictus, ed. 1608. *Pandora magnalium naturalium aurea et benedicta*. Strasbourg: Lazarus Zetzner.

Franz, Marie-Louise von, ed. 1966. *Aurora consurgens: A document attributed to Thomas Aquinas on the problem of opposites in alchemy, Bollingen Series* (77). New York: Pantheon Books.

Frauenfelder, Reinhard. 1958. *Die Kunstdenkmäler des Kantons Schaffhausen. Bd. II. Der Bezirk Stein am Rhein, Die Kunstdenkmäler der Schweiz* (39). Basel: Verlag Birkhäuser.

Frick, Karl R. H., ed. 1976. *Eröffnete Geheimnisse des Steins der Weisen oder Schatzkammer der Alchymie, Fontes Artis Chymicae* (5). Graz: Akademische Druck-und Verlagsanstalt.

Gabriele, Mino. 1997. *Alchimia e iconologia, Fonte e Testi. Raccolta di Archeologia e Storia dell'arte*. Udine: Forum.

Gamper, Rudolf, and Thomas Hofmeier. 2014. *Alchemische Vereinigung: Das Rosarium philosophorum und sein Besitzer Bartlome Schobinger*. Zürich: Chronos.

Gilly, Carlos. 1994. "Carl Widemann: Kopist, Sammler, Arzt und Freund". In *Adam Haslmayr. Der erste Varkünder der Manifeste der Rosenkreuzer*, edited by Carlos Gilly, 106–117. Amsterdam: In de Pelikaan.

Gilly, Carlos. 2003. "On the genesis of L. Zetzner's Theatrum Chemicum in Strasbourg". In *Magia, alchimia, scienza dal '400 al '700. L'influsso di Ermete Trismegisto / Magic, alchemy and science 15th–18th centuries. The influence of Hermes Trismegistus*, edited by Carlos Gilly and Cis van Heertum, 435–451–468. Florence: Centro Di.

Hager, Georg. 1906. *Die Kunstdenkmäler des Königreiches Bayern. Zweiter Band: Regirungsbezirg Oberpfalz und Regensburg: VI. Bezirksamt Cham*. Munich: R. Oldenbourg.

Hahn, E. 1913. "Münzmeister Hans Gutenson von St Gallen und seine Söhne". *Schweizerische numismatische Rundschau* (19): 245–305.

Halbronn, Jacques. 2012. "Recherches autour de l'édition française du Splendor Solis (1612)". *Revue Française d'Histoire du Livre* (133): 9–47.

Hartlaub, Gustav Friedrich. 1937. "Signa Hermetis: zwei alte alchemistische Bilderhandschriften". *Zeitschrift des deutschen Vereins für Kunstwissenschaft* (4): 93–112, 144–62.

Haskell, Yasmin. 1997. "Round and round we go: The alchemical 'Opus circulatorium' of Giovanni Aurelio Augurelli". *Bibliothèque d'Humanisme et Renaissance* no. 59 (3): 585–606.

Hesse, Jochen. 1998. "Die Fassadenmalerei am Haus zum Weissen Adler in Stein am Rhein". *Kunst + Architektur in der Schweiz* no. 49 (2): 56–59.

Hofmeier, Thomas. 2011. "The alchemy of the *Splendor solis*". In *Splendor Solis: Harley MS. 3469*, edited by Manuel Moleiro, 15–59. Barcelona: Moleiro.

Holmyard, Eric J. 1957. *Alchemy*. Harmondsworth: Penguin Books.

Horchler, Michael. 2005. *Die Alchemie in der deutschen Litera-*

tur des Mittelalters. Ein Forschungsbericht über die deutsche alchemistische Fachliteratur des ausgehenden Mittelalters, DWV-Schriften zur Medizingeschichte (2). Baden-Baden: Deutscher Wissenschafts Verlag.

Huggenberg, Frieda Maria. 1956. "Alchemisten und Goldmacher im 16. Jahrhundert in der Schweiz". *Gesnerus* no. 14 (3–4): 97–164.

Husson, Bernard, ed. 1975. *Salomon Trismosin: La toison d'or ou la fleur des trésors. Texte de l'édition française de 1622*. Paris: Retz.

Jung, Carl Gustav. 1980. Psychology and alchemy. Translated by R. F. C. Hull. 2nd ed., *The Collected Works of C. G. Jung* (12) / *Bollingen Series* (20). Princeton, NJ: Princeton University Press.

Junker, Uwe. 1986. *Das "Buch der heiligen Dreifaltigkeit" in seiner zweiten, alchemistischen Fassung (Kadolzburg 1433), Arbeiten der Forschungsstelle des Instituts für Geschichte der Medizin der Universität zu Köln, Bd. 40*. Cologne: Universität zu Köln.

Kahn, Didier. 2007. *Alchimie et paracelsisme en France à la fin de la Renaissance (1567–1625), Cahiers d'Humanisme et Renaissance*. Geneva: Librairie Droz.

Kidd, Peter. 2011. "The Provenance of the Harley *Splendor Solis*". In *Splendor Solis: Harley MS. 3469*, edited by Manuel Moleiro, 91–101. Barcelona: Moleiro.

Klossowski de Rola, Stanislas. 2004. *Private communication*.

Kopp, Hermann. 1886. *Die Alchemie in älterer und neuerer Zeit. Ein Beitrag zur Culturgeschichte*. 2 vols. Heidelberg: Carl Winter's Universitätsbuchhandlung.

Lenglet du Fresnoy, Nicolas. 1742. *Histoire de la philosophie hermétique*. 3 vols. Paris: Gosse.

Lennep, Jacques van. 1966. *Art et alchimie. Étude de l'iconogra-*

phie hermétique et de ses influences, Art et savoir. Paris-Brussels: Meddens.

Lennep, Jacques van. 1985. *Alchimie. Contribution à l'histoire de l'art alchimique. Deuxième édition revue et augmentée comportant 1015 illustrations et un répertoire des signes alchimiques*. Brussels: Crédit communal de Belgique / Diffusion Dervy-Livres.

Magnus, Pseudo-Albertus. 1572. "Scriptum Alberti super arborem Aristotelis". In *Alchemiae, quam vocant, artisquae metallicae, doctrina*, edited by Guglielmo Gratarolus, 680–686. Basel: Petrus Perna.

Marinovic-Vogg, Marianne. 1990. "The 'Son of heaven'. The Middle Netherlands translation of the Latin *Tabula chemica*". In *Alchemy revisited. Proceedings of the international conference on the history of alchemy at the University of Groningen 17–19 April 1989*, edited by Z. R. W. M. von Martels, 171–174. Leiden: E. J. Brill.

Martels, Zweder von. 2000. "Augurello's Chrysopoeia (1515): A turning point in the literary tradition of alchemical texts". *Early Science and Medicine* no. 5 (2): 178–195.

Matton, Sylvain. 2009. *Philosophie et alchimie à la Renaissance et à l'Âge classique. I: Scolastique et alchimie (XVIe–XVIIe siècles), Textes et travaux de Chrysopœia* (10). Milan: Archè.

Merkl, Ulrich. 1999. *Buchmalerei in Bayern in der ersten Hälfte des 16. Jahrhunderts. Spätblüte und Endzeit einer Gattung*. Regensburg: Schnell und Steiner Verlag.

Mikuletzky, J. 1999. "Schönfeld, Johann Ferdinand". In *Österreichisches Biographisches Lexikon 1815–1950*, 74–75. Vienna: Verlag der Österreichischen Akademie der Wissenschaften.

Moehsen, Johann Karl Wilhelm. 1746. *Dissertatio epistolica prima de manuscriptis medicis, quae inter codices Bibliothecae Regiae*

Berolinensis servantur. Berlin: Ambrosius Haude.

Moran, Bruce T. 1991. *The alchemical world of the German court. Occult philosophy and chemical medicine in the circle of Moritz of Hessen (1572–1632), Sudhoffs Archiv. Zeitschrift für Wissenschaftsgeschichte. Beihefte* (29). Stuttgart: Franz Steiner Verlag.

Multhauf, Robert P. 1993. *The origins of chemistry, Classics in the History and Philosophy of Science* (13). Langhorne, PA: Gordon and Breach Science Publishers.

Obrist, Barbara. 1982. *Les débuts de l'imagerie alchimique (XIVe–XVe siècles)*. Paris: Le Sycomore.

Parello, Daniel. 2015. *Die mittelalterischen Glasmalereien in Regensburg und der Oberpfalz, ohne Regensburger Dom, Corpus Vitrearum Medii Aevii. Deutschland XIII* (2). Berlin: Deutscher Verlag für Kunstwissenschaft.

Paulus, Julian. 1997. "Das Donum Dei. Zur Edition eines frühneuzeitlichen alchemischen Traktats". In *Editionsdesiderate zur Frühen Neuzeit: Beiträge zur Tagung der Kommission für die Edition von Texten der Frühen Neuzeit*, edited by Hans-Gert Roloff, 795–804. Amsterdam: Editions Rodopi.

Principe, Lawrence M. 2012. *The secrets of alchemy, Synthesis*. Chicago: The University of Chicago Press.

Prinke, Rafał T. 2014. *Zwodniczy ogród błędów. Piśmiennictwo alchemiczne do końca XVIII wieku, Monografie z Dziejów Nauki i Techniki* (164). Warsaw: Instytut Historii Nauki im. Ludwika i Aleksandra Birkenmajerów, Polska Akademia Nauk.

Ribbert, Margret. 1991. *Der Geschichte treuer Hüter... Die Sammlungen des Vereins für Kunst und Altertum in Ulm und Oberschwaben*. Ulm: Ulmer Museum.

Richterová, Alena. 2016. "Alchemical manuscripts in the collections of Rudolf II". In *Alchemy and Rudolf II, Exploring the Secrets of Nature in Central Europe in the 16th and 17th centuries*, edited by Ivo Purš and Vladimir Karpenko, 249–91. Prague: Artefactum.

Roth, Michael, Gudula Metze and Tobias Kunz. 2005. *Splendor Solis oder Sonnenglanz. Von der Suche nach dem Stein der Weisen.* Berlin: Kupferstichkabinett, Staatliche Museen zu Berlin.

Scheiger, Joseph. 1824. *Das von Ritter von Schönfeld gegründete technologische Museum in Wien*. Prague: Schönfeld'sches Buchdruckerey.

Schmieder, Karl Christoph. 1832. *Geschichte der Alchemie.* Halle: Verlag der Buchhandlung des Waisenhauses.

Tanner, Paul. 1990. "Thomas Schmids 'Kindermord von Bethlehem' im Museum zu Allerheiligen Schaffhausen". *Zeitschrift für schweizerische Archäologie und Kunstgeschichte* no. 47 (1): 27–32.

Taylor, F. Sherwood. 1937. "The visions of Zosimos". *Ambix* no. 1 (1): 88–92.

Telle, Joachim. 1980. *Sol und Luna. Literarund alchemiegeschichtliche Studien zu einem altdeutschen Bildgedicht. Mit Text-und Bildanhang, Schriften zur Wissenschaftsgeschichte* (2). Hürtgenwald: Guido Pressler Verlag.

Telle, Joachim, ed. 1992. *Rosarium philosophorum. Ein alchemisches Florilegium des Spätmittelalters*. 2 vols. Weinheim: VCH Verlagsgesellschaft.

Telle, Joachim. 2006. "Der Splendor Solis in der frühneuzeitlichen Respublica Alchemica". *Daphnis. Zeitschrift für Mittlere Deutsche Literatur und Kultur der Frühen Neuzeit* (1400–1750) no. 35 (3–4): 421–48.

Thorndike, Lynn. 1923–1958. *A history of magic and experimental science*. 8 vols. New York: Columbia University Press.

Völlnagel, Jörg. 2004. *Splendor solis oder Sonnenglanz. Studien zu einer alchemistischen Bilderhandschrift, Kunstwissenschaftliche Studien* (113). Munich-Berlin: Deutscher Kunstverlag.

Wegelin, Peter. 1840. *Geschichte der Buchdruckereien im Kanton St Gallen*. St Gallen: Zollikofer.

包装出一名炼金术行家：《日之光芒》与帕拉塞尔苏斯运动

乔治亚娜·赫德桑

引言

63 1598年，《金羊毛：黄金宝藏与陈列柜》（*Aureum vellus oder Guldin Schatz und Kunstkammer*，英文译为 *The Golden Fleece or the Golden Treasure and Cabinet*）一书的第一卷在康斯坦茨湖畔的瑞士小城罗尔沙赫出版。这是一部非常有趣的作品。作者在目录部分承诺，另外两卷也将及时推出。事实上在1598～1604年，这部书共有五卷问世，其中前三卷出版于罗尔沙赫，后两卷则出版于巴塞尔。[1]《金羊毛》是一部合集，收录了多位作者的炼金术文章与配方，这其中最为出色的莫过于炼金术士萨洛蒙·特里斯莫

---

1 前三卷大获成功。巴塞尔出版商似乎是为了充分利用这一商机才推出了后两卷，还重印了前三卷。正如拉法乌·普林克在上一篇文章中所指出的，《金羊毛》出版之后，重印版和盗版立刻层出不穷。

辛的一部作品。

关于特里斯莫辛，如今我们也只知道这是配有精美插图的炼金术作品《日之光芒》作者的笔名。这部作品被收录进《金羊毛》的第三卷之中，但该书的原始版本并未将其归到特里斯莫辛名下。正如后文将要指出的，直到1612年，《金羊毛》的法文译本才首度将《日之光芒》与特里斯莫辛联系到了一起。不过，真正让现代读者注意到特里斯莫辛这号人物的，还要数朱利叶斯·科恩于1920年推出的《日之光芒》新译本。 64

罗尔沙赫版《金羊毛》的编纂者被认为是瑞士出版商莱昂哈德·施特劳布。他显然希望用特里斯莫辛来引领这部作品。该书之所以一经出版便大获成功，也的确归功于特里斯莫辛。他虽然此前声名不显，但很快就受到了认可，被视作一名伟大的炼金思想家。这一营销策略颇具风险，但在当时倒算不上别出心裁。正是在这一时期，另一些此前不为人所知的炼金术权威人士同样变得名声大噪。此外，特里斯莫辛还收获了一份非常特殊的赞誉。正如《金羊毛》一书的封面所言，他是“特奥夫拉斯图斯·帕拉塞尔苏斯的前辈”。这指的当然是自称为“帕拉塞尔苏斯”的瑞士医生、哲学家特奥夫拉斯图斯·邦巴斯图斯·冯·霍恩海姆（Theophrastus Bombastus von Hohenheim, 1493～1541）。在16世纪末，帕拉塞尔苏斯的声名达到了顶峰，他那些离经叛道的作品在整个欧洲的知识界都引发了巨大争议。

《金羊毛》的作者显然希望利用帕拉塞尔苏斯的名声来推销特里斯莫辛这位非凡的人物，并吸引读者关注整部作品。施特劳布的这一做法不仅是出于经济利益的考虑。研究者还发现，他至少与帕拉塞尔苏斯的两名忠实追随者有交情（Telle 2006, 436-7）。由此可见，《日之光芒》之所以能走入公众的视野，还多亏了帕拉塞尔苏斯及其追随者所发起的运动。所谓“帕拉塞尔苏斯运动”的目的在于，将此人纳入由古代传承至今的一个古老智慧的谱系之中（即将其打造成古老智慧的传人）。本文将从历史视角出发，对这一运动加以审视，进而考察在近代早期的这场运动中，《日之光芒》发挥了怎样的作用。

寻找古老智慧

65

来到 16 世纪和 17 世纪之交，文艺复兴已渐渐进入尾声。如今一提起文艺复兴，我们主要会想到拉斐尔和米开朗琪罗等伟大艺术家。然而，那个时代的成就并不限于绘画。文艺复兴的核心要素在于重新发掘“遭到遗忘的”古代印迹。人文主义者关注的主要是古希腊与古罗马，不过他们偶尔也会将目光投向更为遥远的地方。比如说，文艺复兴时期某些首屈一指的哲学家，尤其是马尔西利奥·菲奇诺（Marsilio Ficino, 1433～1499）、其学生皮科·德拉米兰多拉（Pico della Mirandola, 1463～1494），以及海因里希·科尔内留斯·阿格里帕（Heinrich Cornelius Agrippa, 1486～1535），便认为真正的哲学（或曰“智慧”，拉丁语为 sapientia）的根源在“东方”。这是个不确切的地理概念，一般指的是埃及和中东，有时候印度也会被包括在内，偶尔甚至会涵盖中国。

借中世纪时为人熟知的一位古代哲人之名，菲奇诺踏上了找寻东方智慧之旅。此人便是“三重伟大的赫耳墨斯”。[1]据说赫耳墨斯生活在古埃及，与《圣经》中的人物摩西大致处于同一时代。现在我们已经知道，历史上其实压根不存在所谓“三重伟大的赫耳墨斯”。在古代晚期，有人将古希腊神赫耳墨斯与古埃及神托特合二为一，才塑造了这号人物。被冠以他名号的《赫耳墨斯文集》（*Corpus Hermeticum*）风行一时，不过在中世纪，人们对此还知之甚少。菲奇诺则得到了这部文集的希腊文抄本，并借此让拉丁语世界开始重新认识赫耳墨斯。在菲奇诺的推动下，赫耳墨斯成了古老智慧的主要先驱之一，在某些人心中，他甚至享有无上的权威。《翡翠石板》（*Tabula smaragdina*，英文译为 *Emerald Tablet*）这部简短但极具影响力的作品据说便是赫耳墨斯的手笔，因此，文艺复兴时期的大多数炼金术士将他尊奉为炼金术的开山鼻祖。

不过，所谓“古老智慧”（拉丁语为 prisca sapientia）或曰“古老神学”（拉丁语为 prisca theologia）也是个海纳百川的概念。[2]致力于探寻古老智慧的人士认为，许多哲人都曾通过某种方式触及神圣的真理。这本质上是一种源自古代晚期的观点，但一直延续到了中世纪，在炼金术士中间尤为盛行。比如，问世于 10 世纪的阿拉伯语作品《群贤毕至》就虚构了苏格拉底、毕达哥拉斯以及柏拉图等古

66

1　对赫耳墨斯生平及炼金思想的翔实介绍，见 Faivre 1995。

2　关于“古老智慧”及其变种，见 Schmidt-Biggemann (2004)、Walker (1972)、Schmitt (1970)。

希腊先贤聚会的场景，试图以此表明，尽管这些哲学家使用的术语和提出的学说千差万别，但他们探究的都是同一套真理。

这种观点在文艺复兴时期也受到了推崇，并且极大地推动了文化的进步。皮科和阿格里帕等知识分子专注于调和各种看似五花八门的哲学思想。另一些人则致力于发掘、翻译、修订或是阐释各种古代哲学文本。随着出版商的数量激增，越来越多的古代文献进入了公众的视野。得益于这样的良性循环，人们积累了丰富的知识，并最终深刻地改变了文化界的面貌，加快了近代世界到来的步伐。

不过，也有人对探寻古老智慧这一做法提出了批评。毕竟，并非所有哲学思想都具有相似性，或是可以被调和起来。亚里士多德（公元前 384～前 322）就曾花费大量时间批驳前苏格拉底时代乃至柏拉图（公元前 428/427～前 348/347）的哲学思想。批评者还可以指出这一事实：哲学家们往往总是争吵不休，而不是欣然接受彼此的观点。

哪怕各种自然哲学思想可以调和一致，也存在棘手的宗教问题。要知道，中世纪的神学家付出了大量精力，试图将基督教信仰与亚里士多德主义（Aristotelianism）调和起来。倘若要用某种更具包容性但也更含糊不清的普遍哲学思想取代亚里士多德主义，那么神圣与世俗之间的关系又该做何调整？基督徒无疑会认为，犹太教-基督教信仰要优于古代哲学，《圣经》更是无上的权威；要想为任何一种哲学思想说好话，都必须以《圣经》的条文作为依据。

67

文艺复兴时期的大多数哲学家认可上述观点。事实上，以菲奇诺和皮科为代表，致力于探寻“古老智慧”者提出的一项重要论点就在于，最为出色的那些古代智慧，不仅与《圣经》相一致，甚至还预言了耶稣基督的降临。不过，没有人会傻到认为所有古代哲学家都会接受犹太教-基督教的权威地位。亚里士多德显然就是个反例，“医学之王”盖伦（129～约 200/216）也曾公开表达对基督徒的鄙夷之情。正因如此，菲奇诺和皮科才更加青睐柏拉图以及“三重伟大的赫耳墨斯”等哲学家。后来，“古老智慧”的追寻者又开始公然将某些人物从他们确立的思想传承谱系中清除出去，亚里士多德和盖伦便首先沦为了牺牲品。

人们常常忽视这一时期宗教对哲学思想的冲击作用。不过，文艺复兴与宗教改革在时间上多有重合之处，而且基督教复兴运动对许多哲学家也产生了影响。在这些因素的推动下，人们又开始采取各种方式，试图将基督教信仰与哲学思想融合起来。有些人仅限于借哲学之名宣扬基督教美德；其他人则主张根据《创世记》的记载，重新审视自然哲学；还有一些人则专注于将异教哲学思想“基督教化”。

重塑帕拉塞尔苏斯及其“内行哲学”

论起通过哲学思想来展现宗教改革的精神，恐怕无人能超过帕拉塞尔苏斯。在世时，他便赢得了“医学界的路德”这一称号（Paracelsus 2008, 91）。帕拉塞尔苏斯早就令历史学者挠头不已，这不仅是因为他的作品多有错漏，更因为他是个难以界定的人物。在某些人看来，帕拉塞尔苏斯是医学与化学界的改革者；另一些人则将他视作现代科学的先驱；还有人认为他是一名喜欢钻故纸堆的炼金术士，或不讲理的刺头；在其他人眼中，他又是激进的基督教改革家（Webster 2008, Weeks 1997, Goldammer 1986, Pagel 1982, Sudhoff 1894-1899）。或许上述看法都是正确的。帕拉塞尔苏斯怀着无限的热情与激进的想法，涉猎了那个时代的所有知识领域。毫无疑问，他最为全情投入的领域还要数医学和宗教。他往往将这二者当成一码事。他自认为是“基督教医生”这一至高理想形象的化身，并且试图通过炼金术来对医学加以彻底改造。

68

帕拉塞尔苏斯致力于改造医学，因此他拒绝承认大多数（即使不是全部的话）医学权威。作为巴塞尔大学的讲师，他公然将当时通行的医学教科书付之一炬，这也成了他的著名事迹之一。他随即被赶出了巴塞尔，只得在神圣罗马帝国境内四处游荡，最终在萨尔茨堡（Salzburg）猝然离世，死因似乎是汞中毒。帕拉塞尔苏斯曾言辞激烈地批评当时首屈一指的医学权威盖伦，以及阿维森纳（Avicenna, 980～1037）等其他备受尊敬的医生。帕拉塞尔苏斯声称，实验和亲身观察的重要性胜过权威人士的言论。他还坚持认为，只有从没有学问的工匠以及吉卜赛人等流浪者那里才能获得真知灼见。

帕拉塞尔苏斯拒绝服从权威，还语出惊人，据此判断，他想必会断然反对文艺复兴运动。然而，只要了解了帕拉塞尔苏斯思想的实质内容，就会发现，他与文艺复兴时期的其他哲学家，如皮科、菲奇诺以及阿格里帕，有许多相同之处。他们都参考了古代以及中世纪的传统，诸如向博学的魔法师取经，借鉴有关签名与炼金术的理论，等等。不过，与文艺复兴时期的其他哲学家相比，帕拉塞尔苏斯更具创新精神，他希望赋予那些传统更深厚的哲学与宗教以根基。在为此努力的过程中，他表现得与其他哲学家迥然不同，且更具原创性，但并不总是与这些人唱反调。可以说在许多方面，帕拉塞尔苏斯都是在文艺复兴运动的基础上继续前进。

在帕拉塞尔苏斯去世后，他的许多追随者都持有上述观点。他们盛赞帕拉塞尔苏斯的革新精神，但也试图拉近他与文艺复兴运动的距离——帕拉塞尔苏斯本人或许倒并不希望这么做。大体而言，帕拉塞尔苏斯的早期追随者主要致力于拉近他与文艺复兴运动的关系，为此甚至不惜抹去他的部分原创性。

帕拉塞尔苏斯的早期追随者采取的一项重大举动，便是将他纳入传承至今的古老智慧谱系之中。丹麦医生彼得鲁斯·塞韦里努斯（Petrus Severinus, 1540 ～ 1602）称赞帕拉塞尔苏斯对医学与炼金知识有正本清源之功，这一评价格外具有影响力（Shackelford 2004）。在塞韦里努斯的笔下，帕拉塞尔苏斯俨然是一名人文主义者，致力于发掘已被人遗忘的古老智慧。塞韦里努斯认为，中世纪的医生败坏了医学这门学问，帕拉塞尔苏斯则是唯一能够触及医学本源[主要是指希波克拉底（约公元前460～前375）的作品]的人物。

这种说法会让人以为，帕拉塞尔苏斯凭借一己之力便重新发掘了古代的知识。不过包括塞韦里努斯在内，他的许多追随者都相信，这些知识经历了代代相传的过程，才被帕拉塞尔苏斯掌握。为了佐证这一信念，他们紧紧抓住帕拉塞尔苏斯《大手术》（*Grosse Wundartzney*，英文译为 *The Great Surgery*，1536）中一个神秘的段落不放。在这一段落中，帕拉塞尔苏斯一再表示，先是经过父亲威廉·冯·霍恩海姆（Wilhelm von Hohenheim）的熏陶，后又经多名高级牧师指点，自己在年轻时便接触到了“内行哲学”（adepta philosophia，英文译为 adept philosophy）这门“最为隐秘的学问”（Paracelsus 1605, 101-02）。他的导师之一便是某位姓名不详的“来自施潘海姆（Spanheim）的修道院院长”。帕拉塞尔苏斯的某些追随者认为，此人乃文艺复兴时期神秘的哲学家、本笃会修士约翰内斯·特里特米乌斯（1462～1516），因为他正是一名来自施潘海姆的修道院院长。文艺复兴时期的法国哲学家雅克·戈奥里（Jacques Gohory, 1520～1576）便欣然认为，特里特米乌斯正是将隐秘学问传授给帕拉塞尔苏斯的主要人物之一；另一些人，比如弗莱芒炼金术士赫拉德·多恩（Gerard Dorn, 约 1530～1584），则认为帕拉塞尔苏斯是这位修道院院长的学生（Gohory 1568）。然而不幸的是，没有直接证据能够证明帕拉塞尔苏斯提到的那位来自施潘海姆的修道院院长就是特里特米乌斯（Brann 1979）。

有一点是确定的：《大手术》中的这一段落促使帕拉塞尔苏斯的追随者认定，他熟谙隐秘的古老智慧，因为他正是这些学问的传人。尽管帕拉塞尔苏斯在其他许多意义上都使用过“内行哲学”一词，但他的追随者大多认为，这种学问与炼金术有关。[1]不过，其追随者的这种观点同样受到了《大手术》中那一段落的影响。在谈论自己如何从导师那里习得“内行哲学”之前，帕拉塞尔苏斯先是将这种学问置于某种历史框架之中。他首先声称，古代哲学家将“长寿”视作最值得追求的人生目标之一，而炼金术则是帮助他们实现长寿的一项重要工具。炼金术与哲学一经结合，便孕育了一种十分灵验的药物，帕拉塞尔苏斯称其为“酊剂”（tinctura，英文译为 tincture）。但不幸的是，贪婪的“炼金者”将酊剂据为己有，企图借此实现炼金术的首要目标，即将某种金属转变成另一种金属。酊剂真正的医用价值被降到了次要位置，但某些古人依旧在追求这一目标。多谢仁慈的上帝，人们此后制造了各种强效酊剂，其配方依旧保存在珍贵的古籍中。但不幸的是，这种药物遭到了冒牌医生的打压，为的是宣扬他们那套毫无用处可言的医术。帕拉塞尔苏斯暗示称，他已阅读过那些古籍，他还主张将这些内容公之于众，以便人人都能了解其疗效。帕拉塞尔苏斯最后感慨道，在研究炼金术的过程中，一不小心就会走上邪路。而他之所以能够一直沿着正确的道路前进，则是因为在导师的指引下，他已掌握了“内行哲学”。由此可见，他似乎认为自己的作品具有拨乱反正的作用，能够纠正炼金术士和医生犯下的错误。

70

这一段落反映出，帕拉塞尔苏斯与炼金术之间的关

1　我目前正准备就这一问题写一篇论文，题目就叫作《近代早期炼金术中“内行”这一概念的兴起过程：从帕拉塞尔苏斯到奥斯瓦尔德·克罗尔》（“The Rise of the Concept of the ‘Adept’ in Early Modern Alchemy: From Paracelsus to Oswald Croll”）。

系十分复杂。他曾直言不讳地批评加泰罗尼亚哲学家拉蒙·柳利。当时人们（误）以为，中世纪炼金术最具影响力的派别之一便是由此人开创。（假）柳利派炼金术格外关心如何炼出“贤者之石”，这种神奇的物质既能够将其他金属变成黄金，还能够治愈人类的疾病（Pereira 1995）。帕拉塞尔苏斯则指责柳利重视炼制金银胜过治病救人（有关这一话题的许多引语见 Telle 1994, 169 n.20）。在某个写作时间较早、言辞格外激烈的段落中，帕拉塞尔苏斯还拒绝将“贤者之石”当作追求的目的，声称自己不曾尝试锻造或是寻找这种物质（Paracelsus 1590, 48）。

尽管提出了上述批评意见，但帕拉塞尔苏斯显然很看重炼金术。在《段落》（*Paragranum*，英文译为 *Paragraph*）

71

这部扛鼎之作中，他将炼金术列为其开创的新型医学的支柱之一。他去世后还留下了许多货真价实、谈论医学与炼金问题的作品。其中某些有关“点石成金”或“贤者之石”的作品曾被认为出自他本人之手，这不免令问题更为复杂了。如今这些作品已被认定是冒名之作，不过在那个时代，其追随者却认为它们的确出自帕拉塞尔苏斯之手（某些无所顾忌的人甚至有可能参与伪造这些作品）。在为帕拉塞尔苏斯高唱赞歌之余，这些追随者还将他打造成一位对“贤者之石”了如指掌的大师，并使这一形象深入人心（Telle 1994）。

尽管导致事态发展至此的原因非常复杂，但在帕拉塞尔苏斯的真迹之中，我们已经能够发现某些苗头。《大手术》中的那一段落尤其会促使炼金术爱好者相信，帕拉塞尔苏斯对炼金术的改革，本质上是想要让它走上治病救人的道路，而不是要对炼金过程全盘否定。这些追随者认为，《大手术》中的那一段落证明，至少有部分关于“点石成金”的作品的确出自帕拉塞尔苏斯之手。只需将“治病救人”而非“炼制金银”作为炼金术的首要目的，那么中世纪炼金术的基本原则就依旧能够成立。毫无疑问，许多人都认为帕拉塞尔苏斯所说的“酊剂”，其实指的就是“贤者之石”。

不凑巧的是，按照这样的思路走下去，也能得出截然相反的结论。前文已经提到，帕拉塞尔苏斯抨击过柳利。然而，与“贤者之石”相关的理论和实践大多源自柳利开创的炼金术派别。随着该派别越来越多的作品印刷出版，就连某些最为狂热的帕拉塞尔苏斯追随者也变成了这位中世纪哲学家的信徒。比如说，塞韦里努斯总是不遗余力地想要将帕拉塞尔苏斯刻画为“古老智慧”的传人，但到头来他又认为柳利也是掌握了“内行哲学”的人之一（Severinus 1570/1, [4]）。奥斯瓦尔德·克罗尔（Oswald Croll, 1563～1608）也是帕拉塞尔苏斯的坚定追随者，但他同样成了柳利的忠实拥趸。在其最著名的作品《炼金术教堂》（*Basilica chymica*，英文译为 *The Church of Alchemy*，1609）的卷首插图页中，他甚至敢于将柳利刻画得与帕拉塞尔苏斯平起平坐。倘若泉下有知，帕拉塞尔苏斯想必会惊愕万分。不过他也无法否认，这一切的始作俑者，其实还是他自己。

帕拉塞尔苏斯的其他追随者则并未对柳利心悦诚服，而是将目光投向了其他人，希望能够发现帕拉塞尔苏斯所说的“内行哲学家”。帕拉塞尔苏斯难道不是在暗示，真正的“行家里手”仍藏身于某处，他们的作品也有待发掘吗？“内行哲学”这一古老智慧的传承谱系，难道不是隐秘不宣的吗？其踪迹难道不是尚有待找寻吗？真正的哲人难道不总是藏身于阴影之中，远离公众的视线，默默地钻研学问吗？

72

上述想法最终催生了一类特别的传奇故事，其主角正是“行家里手”或玫瑰十字会会员（Rosicrucian）。在《金羊毛》一书出版之时（1598～1604），找寻“行家里手”的风气尚未席卷欧洲，不过这一天已是指日可待。1610年，德意志医学教授约翰·沃尔夫冈·丁海姆（Johann Wolfgang Dienheim, 1587～1635）出版了一部名气不大的作品，将亚历山大·塞顿（Alexander Seton）与迈克尔·森迪沃吉乌斯（Michael Sendivogius, 1566～1636）这两位“行家里手”的传奇故事带入了公众的视野。历史上或许并不存在苏格兰炼金术士塞顿这号人物，但波兰贵族森迪沃吉乌斯的身份无可置疑，在他身边发生了许多神秘事件（Prinke 2015, 1999）。更为重要的是，玫瑰十字会于1614年发表了宣言，这促使这一念头更为深入人心：存在着某个由智者组成的秘密团体，其成员致力于造福全人类。玫瑰十字会声称自己洞悉了长寿的秘诀，并严厉谴责炼制金银的行为。这种态度颇具帕拉塞尔苏斯的风格。

帕拉塞尔苏斯所说的“内行哲学”，除了促使同时代的炼金术士炮制各种传奇之外，还激发了一股寻找尚不为人所知的炼金术士，乃至佚名炼金术著作的热潮。这恰好迎合了那个时代饥渴的求知欲，并推动了出版业的蓬勃发展。卡恩（2007）已经指出，帕拉塞尔苏斯追随者发起的运动，与发掘古代以及中世纪炼金术的热潮有着齐头并进的关系。不过这股热潮也有其不光彩的一面，那就是伪造人物身份以及作品的现象层出不穷。

萨洛蒙·特里斯莫辛被认为是帕拉塞尔苏斯的导师，以及《日之光芒》的作者。但正如下一节将要提及的，他其实就是一名被虚构出来的“行家里手”。需要指出的是，特里斯莫辛绝对算不上被伪造的“行家里手”的最成功案例。与之相比，巴西尔·瓦伦丁的影响力要大得多，但这位 14 世纪的本笃会僧侣也是被虚构出来的人物（Principe 2014, 143-158）。瓦伦丁关于如何锻造“贤者之石”的文章《十二把钥匙》（*Zwölff Schlüssel*，英文译为“Twelve Keys”），最早收录于约翰·特尔德于 1599 年编辑出版的无名之作《总结性短文》（*Ein Kurtz Summarische Tractat*，英文译为“A Short Summarizing Treatise”）。此后，《金羊毛》第三卷又翻印了这篇文章。瓦伦丁自称是中世纪的一名僧侣，但事实上他只是 16 世纪末的一名炼金术士，有可能就是约翰·特尔德本人。瓦伦丁的作品大获成功，因为他很符合帕拉塞尔苏斯笔下的世外高人形象，而且厚颜无耻地照搬了帕拉塞尔苏斯的许多理念与实践行为。尤其是，他还仿效帕拉塞尔苏斯的风格，直截了当地对炼金过程加以描述，但又依旧保留着中世纪炼金术的神秘面纱。

73

萨洛蒙·特里斯莫辛：
帕拉塞尔苏斯之虚构的前辈

与瓦伦丁这个冒牌僧侣相比，另一个虚构人物特里斯莫辛就没有那么成功了。在“横空出世”之后，他又以更惊人的速度遭到了遗忘。《金羊毛》的第一卷不遗余力地将特里斯莫辛包装成了一名伟大的内行哲学家。他被称作“高贵、耀眼、最为卓越且最受重视的哲人”，是“伟大的哲人、医生帕拉塞尔苏斯的前辈”（*Aureum vellus* 1598, 卷首插图）。[1]

根据上述溢美之词我们难免会推测，炮制出特里斯莫辛神话的那些人，想必不会赞同这一观点，即认为特里特米乌斯才是帕拉塞尔苏斯真正的，或曰最重要的导师。然而，特里特米乌斯的支持者至少还算有所根据，毕竟，帕拉塞尔苏斯在《大手术》中的确曾提及某个“来自施潘海姆的修道院院长”。相较之下，《大手术》列举了一长串曾向帕拉塞尔苏斯传授“内行哲学”的导师，但其中压根就不包括特里斯莫辛。

《金羊毛》的编纂者并未解释为何《大手术》未提及特里斯莫辛的名字。于是，读者就只能对该书卷首插图页上的评价照单全收了。起码“特里斯莫辛”这个名字（或化名）听上去有模有样，像是个真正的行家里手。而“萨洛蒙”自然也会使人联想到伟大的希伯来国王所罗门，据

74

1　德语原文为：“... von dem Edlen / Hocherleuchten / Fürtreffenlichen / bewerten Philosopho Salomone Trißmosino (so deß grossen Philosophi und Medici Theophrasti Paracelsi Praeceptor gewesen).”

说高深莫测的《诗篇》（Psalms）和《箴言》（Proverbs）正是他的手笔。耶路撒冷那座宏伟的圣殿同样被认为出自所罗门王之手，这是一项在近代早期十分受人仰慕的建筑成就（Monod 2013）。有些人认为所罗门王还通晓炼金术。比如说，在中世纪的炼金术著作《曙光乍现》中就有相关记载，帕拉塞尔苏斯的追随者海因里希·洪拉特（Heinrich Khunrath, 1560～1605）也持有这种观点（Kahn 2007, 575-93）。在埃利亚斯·阿什莫尔（Elias Ashmole）的《英国化学著作集》（*Theatrum chemicum Britannicum*，英文译为 *British Chemical Theatre*，1652）一书中有这样一幅插图：在所罗门圣殿这一神圣场所，一名长者正在进行某种仪式，引导年轻的学生掌握炼金术的秘诀。这幅插图显然想要将所罗门王与"内行哲学"联系到一起。

"特里斯莫辛"（起初拼作 Trissmosin）这个名字的含义则没有那么一目了然，不过它看上去与赫耳墨斯的绰号"三重伟大"（Trismegistus）十分相似。如前所述，有人认为赫耳墨斯是"古老智慧"这一传承谱系的开山鼻祖，他无疑也是炼金术的宗师。塞韦里努斯就曾明确无误地将赫耳墨斯与"内行哲学"联系到一起，到了《金羊毛》出版之时，这种观点更是已经深入人心。当然，特里斯莫辛不曾声称自己就是赫耳墨斯或其化身，但这个名字多多少少会诱使读者认为，他势必就像那位神秘的哲人一样博学。

炮制特里斯莫辛神话的人士势必还会意识到，光是取一个煞有介事的名字，并自诩为内行哲学家，仍远远不够。必须将特里斯莫辛打造成一个有血有肉的"历史人物"，才能让读者信服。于是，《金羊毛》的编纂者开篇便以自传的口吻，讲述了特里斯莫辛艰难求索的经历。这段文字的题目则是《著名绅士萨洛蒙·特里斯莫辛的文章以及生平，外加三款奇妙的酊剂》（“Tractat unnd Wanderschafft deß hochberhümpten Herren Salomonis Trißmosini sampt dreyen gewaltigen Tincturen”，英文译为“Treatise and Wanderings of the Very Famous Gentleman Salomon Trismosin, with Three Marvellous Tinctures”）。在那个时代，用自传的口吻讲述炼金术士生平这一手法十分流行。巴西尔·瓦伦丁在其作品中同样讲述了自己探索炼金术的经历。伯纳德·特雷维桑（Bernard Trevisan）的事迹在当时更为出名，他同样是一名被虚构出来的行家里手。之所以给他取这样一个名字，就是为了让读者联想起在历史上确有其人的中世纪哲学家特雷维索的伯纳德（Kahn 2003）。

75

特里斯莫辛的自传开篇便吐露，自己曾遇到一个名叫弗洛克（Flocker）、粗通炼金术的矿工，从此便对炼金术产生了兴趣。这名矿工使用铅、硫、银等原料，经过一番操作，最终提炼出相当分量的黄金。不久之后，弗洛克就因矿难去世了，他的秘方也就此失传。1473年，特里斯莫辛决心周游四方，找寻能够拜师学艺之人。在接下来的一年半时间里，他耗费了大量钱财，掌握了一些基本的炼金技法。最终他来到了意大利，并被一名犹太炼金术士收为学徒。此人声称自己能够将锡转变成银。特里斯莫辛陪同这名炼金术士来到了威尼斯。他在圣马可广场上找了个鉴定师，想要检验炼金术士所炼白银的真假，结果却表明这都是些假货。特里斯莫辛意识到自己遇到了骗子，于是便逃离了这名犹太炼金术士。最终，他在威尼斯某位贵族的炼金实验室里找了份活干，这位贵族手下的首席炼金术士是一个德意志人。据特里斯莫辛所述，这个实验室位于威尼斯城郊的一幢大庄园里，设备和人手都十分充足。首席炼金术士给了特里斯莫辛一块朱砂，并交给他一份配方，让他炼制出水银与黄金。年轻的特里斯莫辛精彩地完成了任务，这令首席炼金术士以及威尼斯贵族都赞赏不已。于是他们便将特里斯莫辛留了下来，并要求他发誓守口如瓶。特里斯莫辛后来发现，他们尝试的许多配方都源自东方，是那位贵族花重金买下的。其中有一份希腊文抄本叫作《萨拉米通》(*Sarlamethon*)。那位贵族将它翻译成了拉丁文，特里斯莫辛则按照其记载的配方，炼制出一种可以将三种金属转变为黄金的酊剂。

在特里斯莫辛取得这一成果之后不久，那位贵族便与威尼斯的其他元老一道出航，参加一年一度的“海的婚礼”庆典。直到今天，威尼斯仍在举办这一庆典，只是形式有所变化。庆典期间，一场巨大的风暴来袭，贵族们乘坐的船只沉入海底，特里斯莫辛的雇主也不幸罹难。那位贵族死后，其家人解散了炼金实验室，并将助手们扫地出门，特里斯莫辛也未能幸免。

76

此后的叙述就变得简明扼要了。离开威尼斯之后，特里斯莫辛在一个“甚至更有利于实现目标的地方”安顿下来(*Aureum vellus* 1598, 4)。在那里他接触到了用古埃及文字写成的卡巴拉以及魔法著作。他先是将其翻译成了希腊文，随后又翻译成了拉丁文。特里斯莫辛选择优先将这些著作翻译成希腊文，这说明他此时或许正定居于君士坦丁堡。我在下文将要提及的一则传奇故事，进一步加强了这一假设的可信度。在翻译这些作品的过程中，特里斯莫辛了解到了许多酊剂的奥妙。这些酊剂由不信上帝、有着古怪名字的古埃及国王配制，诸如肖法尔（Xophar）、肖加尔（Xogar）、肖福拉特（Xopholat）以及尤拉顿（Jula-ton）。“永恒的上帝竟然向异教徒揭示了如此奥秘”，这令特里斯莫辛惊叹不已。不过这些异教徒如此守口如瓶，倒是令特里斯莫辛十分敬佩（*Aureum vellus* 1598, 4）。

在理解了古埃及炼金术的原则之后，特里斯莫辛便开始致力于炼制最伟大的酊剂。这款酊剂名叫“红狮”（Red Lion），呈现美丽的红色，并且具有将其他物质的价值增加无穷倍的能力。只需一份该酊剂，便可将1500份白银变成足赤的黄金。这种酊剂还可以将锡、汞、铅、铜和铁变成纯金。但不幸的是，特里斯莫辛并不愿意透露完整的配方（不过他在其他地方披露了部分配方）。他还坚决表示，这种酊剂绝不是从黄金炼制而来。在这篇自传的末尾，特里斯莫辛用一首富有哲理的短诗劝诫自己的学生：“研究你是怎样的人吧 / 这样你才能发现周围都有些什么东西 / 你学到了什么 / 就将成为怎样的人 / 我们身外的一切事物 / 也都存在于我们的内心 / 阿门。”（*Aureum vellus* 1598, 5）[1]

这篇自传的细节之详细、地理跨度之广，令人颇为惊叹。在提及早先的炼金术士时，行文却往往十分含糊，经常顾左右而言他。长途旅行、遭遇骗子、寻访正道等常规桥段一应俱全。不过就年代、各地风土人情以及炼金实验

1　德语原文为：“Studier nun darauß du bist / So wirst du sehen was da ist. / Was du studierst, lehrnest und ist / Das ist eben darauß du bist. / Alles was ausser unser ist / Ist auch in uns. Amen.”

室的格局等细节而言，该文对于历史的把握较为准确，这一点在同类作品中算得上难能可贵。尤其是，特里斯莫辛在威尼斯的经历是这篇自传的重头戏，这表明当时德意志人对这个虽相隔不远但充满异域风情的城市非常着迷。文中对威尼斯的描写相当准确。作为15世纪通往东方的门户，与希腊、土耳其以及其他东方国度的贸易使得这座城市十分富足。不过在特里斯莫辛的笔下，威尼斯不仅是商业重镇，更是人文主义运动的中心。来自东方的各种抄本汇聚于此，并被翻译成其他文字，供人研究。特里斯莫辛并非学者，也从未表示自己通晓东方语言（甚至连希腊语都不会），但他聪明地找准了定位，将自己刻画为来自遥远国度学问的接受者。在威尼斯丢掉工作之后，他不仅没有返回德意志地区，还搬去了与这些学问距离更近的地方（可能是君士坦丁堡）。

这篇文章会令读者确信，只有在东方才能发现最伟大的学问。正如我们已经看到的，这种观点在文艺复兴时期的哲学家与炼金术士中间都很常见。在寻找哲学源头的过程中，他们都将目光投向了比古希腊和古罗马更加遥远的地方。在特里斯莫辛看来，希腊固然能够起到传播知识的中介作用，但这些学问的真正源头还在古埃及这片孕育了神秘的赫耳墨斯及炼金术思想的土地。特里斯莫辛的叙述会促使读者认为，埃及是一个隐藏着秘密启示的国度，古代的那些国王（法老）通过研究自然掌握了世间最宝贵的学问，即炼制各种酊剂的奥秘。特里斯莫辛的言下之意是，所谓“古老智慧”指的就是炼制酊剂的秘诀。这正与帕拉塞尔苏斯对“内行哲学”的看法如出一辙。

不过，这篇自传并未说明特里斯莫辛与帕拉塞尔苏斯究竟有何关联。我们通过《金羊毛》的卷首插图页可以得知，特里斯莫辛是这位瑞士医生的前辈。这篇文章还告诉我们，特里斯莫辛门生众多。然而，这些信息难免会令那些试图将帕拉塞尔苏斯纳入“内行哲学”传承谱系的人感到失望。更糟糕的是，除了这篇文章的标题之外，《金羊毛》第一卷压根没有提到帕拉塞尔苏斯的名字。后来流传开来的一则传说才促使人们认为，这位瑞士医生在君士坦丁堡结识了德意志炼金术士特里斯莫辛，并掌握了锻造“贤者之石”的秘诀（Telle 2006/7, 156-7）。此外，欧洲各大档案馆收藏的与特里斯莫辛以及帕拉塞尔苏斯有关的文献，有些其实是伪作。比如说，莱顿大学图书馆收藏的特里斯莫辛写给帕拉塞尔苏斯的信件（Codex Vossianus Q 24）、哈雷档案馆收藏的一份特里斯莫辛谈论“贤者之石”的抄本（Halle MS 1612），以及丹麦皇家图书馆收藏的一份特里斯莫辛向帕拉塞尔苏斯吐露炼金术秘诀的抄本（GKS MS 1722），就都属于此类情况。这种现象暴露出，帕拉塞尔苏斯的某些追随者试图通过伪造文献来夯实两人之间并不密切的关系。

78

“行家里手”的秘密学问?

除了将特里斯莫辛包装成一名行家里手之外，这篇自传还是《金羊毛》第一卷的导言。该书宣称要披露古埃及国王秘密抄本的内容。据说特里斯莫辛已仔细研究过这些奥秘。然而事实上，书中对埃及酊剂的描述比人们期待的要少得多：只有三款酊剂与埃及有关。

继续阅读《金羊毛》一书就会发现，该书卷首插图页以及特里斯莫辛自传所许下的诺言很快就被抛到了九霄云外。《金羊毛》的编纂者先是向我们介绍了两份据说出自特里斯莫辛之手的酊剂配方。此后我们终于读到了首份真正的“埃及配方”，即“尤拉顿国王炼制的酊剂”。但在此之后我们立刻又会一头雾水，因为接下来的那篇文章出自希罗尼穆斯·克里诺特（Hieronymus Crinot）之手，丝毫没有提及特里斯莫辛。前文中未曾提及或是介绍这名作者，那么克里诺特究竟是何方神圣？他与特里斯莫辛又有何关系？接下来的文章《克里诺特爵士的普世酊剂》（“The Universal Tincture of Sir Hieronymus Crinot”）对此做出了解答。据说特里斯莫辛发现了许多隐秘的埃及著作，这篇文章就是根据其中的某张图表提炼而来。我们是否可以认为克里诺特乃特里斯莫辛的学生？接着往下读就会发现，克里诺特其实比特里斯莫辛更为年长，而且这两人并不直接认识。文中引述了圣莫林（Saint Morin）修道院院长格奥尔格·比尔特多夫（Georg Biltdorff）的一段话。比尔特多夫声称，克里诺特是一名德意志炼金术士，他在埃及生活过多年，并且拥有“贤者之石”；他还是一名虔诚的绅士，回到欧洲后建造了不下1300座教堂。克里诺特著述颇丰，还收藏了许多抄本。在他死后，这些藏品便散落各处（*Aureum vellus* 1598, 26）。事实上，关于“埃及的伟大国王肖法尔”所炼制酊剂的那部作品据说就出自克里诺特之手，并由特里斯莫辛事后为其作序。

79

随着我们的阅读更加深入，这位神秘的克里诺特又消失得无影无踪了。接下来我们读到的几篇文章都有着古怪的标题，诸如《内福隆》（“Nefolon”）、《坎格尼韦龙》（“Cangeniveron”）或是《莫了托桑》（“Moratosan”）。谢天谢地，这些作品都被认为是特里斯莫辛的手笔。然而，除了《苏福雷通之书》（“Book Suforethon”）承诺要向读者传授埃及国王肖福拉特延年益寿三百年的秘诀之外，其他作品似乎和埃及国王都毫无关系（*Aureum vellus* 1598, 47）。该书剩下的内容似乎也并不包含来自埃及的智慧，那些配方使用的都是些在欧洲司空见惯的原料，诸如罗马矾和匈牙利黄金。

读完《金羊毛》第一卷，我们只能得出这样的结论：认为在埃及和东方能够发现振聋发聩的全新学问，这种说法实在是言过其实。第一卷既丝毫没有提及帕拉塞尔苏斯，也很少像卷首插图页承诺的那样，提及“埃及、阿拉伯、迦勒底以及亚述的国王与智者的遗产”。这卷书更像是大杂烩，收录的配方都出自籍籍无名的德意志炼金术士之手。这些配方可能源自中世纪晚期以及文艺复兴时期，并非某位东方高人的杰作，而仅仅是欧洲（甚至德意志）寻常炼金实践的结果。

由此可见，《金羊毛》的编纂者希望通过特里斯莫辛这一前辈，将帕拉塞尔苏斯打造成隐秘学问的传人，但这一宏大的计划并未成功，也未能将书中记载的那些炼金配方包装成埃及或东方“古老智慧”的结晶。我们读到的内容，与欧洲各地抄本中记载的其他中世纪炼金配方都别无二致。这一点意味着，“特里斯莫辛”可能是现实中中世纪或文艺复兴早期某个炼金术士的化名，并不纯粹是帕拉塞尔苏斯的追随者虚构出来的人物。倘若果真如此，那么此人势必与帕拉塞尔苏斯毫无关联，也绝不会是某种深奥的东方学问的传人。不凑巧的是，上述假设或许能够说明，为何特里斯莫辛未能像巴西尔·瓦伦丁那样大获成功。原因就在于，特里斯莫辛的炼金配方与中世纪流行的那些配方过于类似，这自然不利于他脱颖而出。此外，特里斯莫辛终究没有像瓦伦丁那样，提出一套对于帕拉塞尔苏斯追随者具有吸引力的哲学学说。

《金羊毛》的编纂者莱昂哈德·施特劳布是不是这场大骗局的主谋？还是说罪魁祸首另有他人？尽管我们无法看到《金羊毛》的原始抄本，但依然能够断定，至少可以洗脱该书编纂者的部分责任，因为他收录的大量配方显然早就被归到了特里斯莫辛名下。我曾有幸在丹麦皇家图书馆的档案馆里翻阅到了一份名为《伟大且神圣的技艺》（*Ars magna et sacra*，英文译为 *A Great and Sacred Art*）的抄本（GKS MS 249）。和《金羊毛》第一卷一样，这份抄本也全部用德文写成，其封面上却用不同的笔迹写着一段拉丁文，可见这行字可能是日后添加上去的。只需要瞥上一眼就能发现，这份抄本夸下的海口比《金羊毛》的卷首插图页的还要大。据说这份抄本汲取了“迦勒底、埃及、波斯、亚述、希伯来等民族最古老的智慧”，收录了其“与伟大且神圣的炼金术相关的遗产”。我们被告知，这份抄本中蕴含的学问，正是源自埃及与希伯来的原汁原味的“古老智慧”。这些学问经赫耳墨斯整理成册，并由奥斯塔内斯（Ostanes）、扎莫克西斯（Zamolxis）和德谟克利特

80

等人传播到古希腊各地，又被贾比尔等人带进了伊斯兰世界，最后经过特里斯莫辛和帕拉塞尔苏斯的努力，终于传入了说拉丁语的欧洲地区。

该抄本封面上的这段话似乎能够证明，《金羊毛》卷首插图页上的内容并非施特劳布在信口开河。非要说的话，在施特劳布笔下，这一“古老智慧”的传承谱系还不像这份抄本所声称的那样夸张。当然到目前为止，我们还不能排除这种可能性，即该抄本封面上这段大言不惭的话，是在《金羊毛》出版之后才添加上去的。我们还需要对这份抄本的文字与出处进行更多研究。不过显而易见的是，《金羊毛》的编纂者参考的并非这份抄本，因为二者的结构有出入，而且收录的配方也不能完全对得上。这意味着，这份抄本的大部分内容（即使将封面抛到一边）都是另行编纂而成的，与《金羊毛》无关。讽刺的是，这份抄本还将帕拉塞尔苏斯称为特里斯莫辛的学生，但这句话在《金羊毛》中并未出现。在该抄本的《特里斯莫辛传》（“Book of Trismosin”）中，这位德意志炼金术士写道，他收了九个学生，其中最出色的一位要数“菲利普·霍恩海姆斯”（Philipp Hohenheims）。假如《金羊毛》的编纂者读到了这句话，势必会如获至宝。不过，他所参考的那份抄本显然并未收录特里斯莫辛的这篇传记。

从特里斯莫辛到《日之光芒》

81

在出版了《金羊毛》第一卷这部开山之作之后，施特劳布又继续推出了两卷作品。他想要趁热打铁，将帕拉塞尔苏斯纳入更为宏大的炼金术传统之中，与巴托洛缪斯·科恩多费尔、特里特米乌斯、乌尔里希·波伊塞尔以及后起之秀巴西尔·瓦伦丁并肩。[1]《金羊毛》第三卷收录的最后一部作品是“贤人之父”赫耳墨斯的扛鼎之作《翡翠石板》，这或许并非偶然。后来，巴塞尔的出版商又将另一些名头没那么响亮的炼金术士加入了上述名单之中，诸如卡斯帕·哈尔通·冯·霍夫（Caspar Hartung von Hoff）、帕多瓦的约翰内斯（Johannes of Padua），以及埃韦拉里乌斯（Everarius）。

在《金羊毛》各卷收录的作品之中，在当时以及日后产生了最深远影响的，却是《日之光芒》这部佚名之作。这部关于“贤者之石”的插图版作品令某些法国读者深感震撼，以至于他们单独出版了该作的法文译本，并冠以《金羊毛》之名，就仿佛原版《金羊毛》收录的其他作品不曾存在一般。法文版《日之光芒》的编纂者同样熟知有关特里斯莫辛以及帕拉塞尔苏斯的传说故事，于是便直接将这部作品与特里斯莫辛联系到了一起，声称《日之光芒》就是那位“伟大的哲学家、帕拉塞尔苏斯的前辈萨洛蒙·特里斯莫辛”的手笔。他“汲取古人最宝贵的智慧遗

1　有人认为，科恩多费尔与帕拉塞尔苏斯也有所关联。不过关于科恩多费尔究竟是帕拉塞尔苏斯的前辈，还是其学生，后者的晚期追随者莫衷一是（Telle 1994, 157）。

产，不限于迦勒底人、希伯来人、阿拉伯人和希腊人，还包括拉丁民族以及其他久经考验的作者”（*La Toyson d'or* 1612, 卷首插图）。由此可见，该书的编纂者将原版《金羊毛》第一卷封面上的那段话加以改动和拔高，移到了《日之光芒》中，并将这部作品归到了特里斯莫辛名下。德文版《金羊毛》则从未提出这种观点。[1]

当然，原版《金羊毛》也会促使读者认为，在《日之光芒》这一佚名之作与特里斯莫辛之间存在某种间接的关联。这或许同样并非施特劳布的本意，只是因为他参考的那份尚不为人所知的特里斯莫辛抄本恰好收录了《日之光芒》。事实上，假如说《伟大且神圣的技艺》这一抄本有参考意义，那么施特劳布使用的那一抄本或许确曾声称，其所收录的那些作品与特里斯莫辛有某种并非直接的关联。[2]此外令人费解的是，希罗尼穆斯·克里诺特和修道院院长格奥尔格·比尔特多夫在《金羊毛》第一卷中占据了大量篇幅，这或许说明，尽管被贴上了“特里斯莫辛”这一标签，但整本书与他的关联其实相当松散，以至于其他作者的作品也能被收录进来。从学术角度来看，将此类作品归入“特里斯莫辛流派”这一宽泛的类别，而不是直接将其与特里斯莫辛联系到一起，或许更为恰当。

82

纵览所有五卷《金羊毛》，我们发现，所谓“特里斯莫辛流派”几乎可以涵盖任何炼金术作品。既然如此，我

1 特勒早已指出，这是《日之光芒》首次被归到特里斯莫辛名下，由此可见，朱利叶斯·科恩并非提出这一观点的第一人（Telle 2006, 441）。

2 比如说，《伟大且神圣的技艺》就收录了巴托洛缪斯·科恩多费尔以及帕拉塞尔苏斯的炼金配方，外加一篇配有插图、显然源自中世纪的“愿景”，见209r–11r。科恩多费尔与帕拉塞尔苏斯的配方见《金羊毛》第二卷。

们又该如何概括这一流派的特征？我认为，该流派的作品在一定程度上均契合本文所探讨的主题，即存在一条“古老智慧”的传承谱系，其源头主要在古埃及；经由特里斯莫辛的教诲与传抄，帕拉塞尔苏斯掌握了这种学问，不过他可能也得益于其他人的影响，如特里特米乌斯和科恩多费尔。在更为宽泛的意义上，通过自身努力掌握了这门学问的那些中世纪炼金术士，也都可以被纳入这条谱系之中。

要想应用上述原则，我们就必须考虑以下问题：为何《日之光芒》也能被算作特里斯莫辛流派的作品？对于宣扬帕拉塞尔苏斯的成就而言，这部作品又发挥了怎样的作用？就文字而言，《日之光芒》十分符合“文集”这一中世纪的传统体裁（即格言警句的合集），引用的大部分内容都出自著名炼金术士之口（Telle 2006, 425-27）。

可以确定的是，正如特勒所指出的，在帕拉塞尔苏斯的大多数早期追随者中间，这部作品十分受欢迎（Telle 2006, 432-3）。特勒认为，这些人之所以对《日之光芒》感兴趣，是因为可以借此将帕拉塞尔苏斯神秘化，把这名瑞士医生打造成说德语的赫耳墨斯，将他包装成擅长物质变化、点石成金的炼金术士（Telle 2006, 432;Telle 2006/7, 159-69）。我认为，特勒对于帕拉塞尔苏斯的大多数早期追随者的这一评价有些过于刻薄了。诚然，在致力于将帕拉塞尔苏斯神秘化的那些追随者中间，也不乏伪造炼金术著作、虚构行家里手身份之人。不过，大多数人还是真诚地认为，帕拉塞尔苏斯的确就是炼金术士。正如我在前文中指出的，帕拉塞尔苏斯本人曾将追求物质转化的炼金行为

83

划入医用炼金术的范畴之内，并指责追求点石成金的做法是在“走邪路”，他试图借此将追求物质转化的炼金行为也归入所谓“内行哲学”之列。他暗示称，存在一条有关真正炼金学问的传承谱系。他的这种做法只会促使其早期追随者努力将他本人纳入这门“古老智慧”的传人之列。如果说从这样的意图出发，某些追随者的行为起到了适得其反的效果，反倒将帕拉塞尔苏斯塑造成了一名擅长点石成金者，那么或许也只能责怪这些人用力过猛，对炼金术和炼金术著作的热情过于强烈。不过，正如萨洛蒙·特里斯莫辛的自传所揭示的，谁又能抵御探寻隐秘学问这一诱惑呢？

无论如何，与其他作品相比，《日之光芒》都与帕拉塞尔苏斯提出的将治病救人作为炼金术首要目标的主张更为契合。帕拉塞尔苏斯认为，治病救人优于其他一切目的。与之类似，《日之光芒》也一再表示，“贤者之石”的首要功效就在于它能够治愈人类的疾病（*Aureum vellus* III, 1599, 81）。“贤者之石”还有三种功效：改善金属的质地、将普通石头变为宝石，以及软化玻璃。这些观点就如同直接摘录《曙光乍现》的最后一章一样。正如拉法乌·普林克在前文中所指出的，《曙光乍现》正是《日之光芒》的主要参考对象之一（*Aurora consurgens* 1593, 241）。

接下来《日之光芒》详细地描述了“贤者之石”的医用功效：

> ……睿智的哲学家说过，若浸泡在温暖的葡萄酒或清水中，作为膏药使用，它就能立刻治愈麻痹、水

> 肿、麻风病、黄疸病、心悸、腹痛、发烧、瘫痪以及其他许多内科与外科疾病。作为药膏或药粉使用，它能使不健康的胃部变得强健，能使风湿消退，还能治愈忧郁的心情。它能够治疗眼疾，令心脏重新焕发活力；它能使双耳复聪，使牙齿变得坚固，使瘸腿恢复正常，消除一切脓肿，并治愈其他一切外伤、瘘病、癌症以及溃疡。扎迪特长老还说过，它能使人变得年轻、快乐，令身体从里到外都焕发活力、变得健康，因为它比希波克拉底、盖伦、君士坦丁（Constantine）、亚历山大（Alexander）、阿维森纳以及其他著名医生的一切药方都更为灵验。（*Aureum vellus* Ⅲ，1599, 82）

84

换句话说就是，“贤者之石”是一种“万能药”，不仅能够治愈大多数（即使不是全部的话）疾病，还能够令人焕发青春、延年益寿。这一长串医用功效借鉴了《曙光乍现》里的说法。有趣的是，在当时的主流医学界看来，最先被提及的几种疾病都是不治之症。这些疾病被认为已是深入膏肓，无药可救。医用炼金术的倡导者却声称，其炼制出的化合物能够深入体内，进而消除这些顽疾。事实上，据说帕拉塞尔苏斯最为得意的言论之一便是，他能够治好麻风病、痛风与水肿。这段话也被刻在了他位于萨尔茨堡的墓碑上。

此外，《日之光芒》还带有一丝论战意味，这势必也会令帕拉塞尔苏斯的早期追随者非常满意，因为他们常常要与主流医学界打口水战（Debus 2002, 127-204）。《日之光芒》声称“贤者之石”的疗效要胜过“希波克拉底、盖伦、君士坦丁、亚历山大、阿维森纳”的药方，这段话也出自《曙光乍现》(1593, 423)，不过在这里这段话被归到了炼金术士扎迪特长老名下，其真名为穆罕默德·伊本·乌迈勒·塔米尼（约 900～960）。但不凑巧的是，扎迪特长老本人绝不可能批评阿维森纳，因为后者在他去世之后不久才出生（980）。此外，他也绝不会批评君士坦丁[最有可能指的是君士坦丁努斯·阿非利加努斯（Constantinus Africanus）这名医生]，因为此人生活在 11 世纪。但是，将那段话归到扎迪特长老名下也实属情有可原，因为追根溯源,《曙光乍现》正是源自此人的作品。[1]

85

《日之光芒》中的这一“医学”部分能够说明，为何帕拉塞尔苏斯的早期追随者会被说服，将这部作品加入其越来越长的“内行哲学”著作清单之中。还存在其他原因，其中之一便是,《日之光芒》经常用“酊剂”一词来指代“贤者之石”，这正是帕拉塞尔苏斯在《大手术》一书中喜欢使用的词。另一个理由甚至更为重要，那就是帕拉塞尔苏斯提出的饱受争议的“三成分”（tria prima）学说，在这部作品中早已有所体现。帕拉塞尔苏斯认为，所有物质均由液态的汞、不稳定的硫，以及盐这种粗糙的固体构成。只有通过炼金术，才能将某种物质分离成这三种基本成分。

帕拉塞尔苏斯的许多追随者都将这套“三成分”学说当作其运动的标志性特征，尽管在帕拉塞尔苏斯的作

1　感谢普林克向我指出《日之光芒》中这部分内容与《曙光乍现》的渊源。

品中，这套学说其实并不像某些人强调的那样占据核心地位。到了 17 世纪，围绕着这套“三成分”学说的争论变得格外激烈。最终，颇具影响力的炼金术士兼医生扬·巴普蒂斯特·范·赫尔蒙特（Jan Baptist van Helmont, 1579～1644）以及化学爱好者罗伯特·波义耳（Robert Boyle）驳倒了这套理论（Hedesan 2016）。

正如有些学者所指出的，中世纪晚期的某些炼金术著作早已提出了物质由三种成分构成这一思想，尤其是《圣三位一体之书》（Hooykaas 1937）。《日之光芒》似乎也认为金属由三种成分构成。于是这部作品便认定，汞乃金属内部的“液体”、“湿质”或曰“精华”，也就是其“灵魂”；硫状的成分则构成了其“精神”；泥土状的固态成分则构成了其“身体”（*Aureum vellus* Ⅲ, 1599, 80）。很容易认为这段话指的就是汞（灵魂）、硫（精神）以及盐（身体或曰泥土）。此外，正如帕拉塞尔苏斯的追随者认为三种成分结合起来便会形成各种物质一样，这三者一经结合，便也会创造出新的物质。

结语

正如我在这篇文章中所指出的，围绕着帕拉塞尔苏斯追随者发起的革新运动，形成了诸多复杂的历史因素，《日之光芒》于 1599 年出版，正是这些因素共同作用的结果。尽管帕拉塞尔苏斯声称自己的思想具有原创性，并且拒绝服从权威，但他的早期追随者大多认为，这位瑞士医

86

生是个典型的文艺复兴式人物，致力于发掘真正的古老学问。帕拉塞尔苏斯吹响了针对医学和炼金术的革新号角，但在其追随者看来，这些主张与发掘“古老智慧”这一志向并非无法兼容。事实上，他们相信，经过深谙“内行哲学”的各位导师教导，帕拉塞尔苏斯已经掌握了原汁原味的古老智慧。他们之所以如此有信心，是因为帕拉塞尔苏斯在《大手术》某章中的表述似乎能印证这一观点。于是这些追随者便抓住这一点不放，对该书中另一些对自己不利的段落却熟视无睹。

某些怀有这一信念的追随者走了极端，甚至不惜将萨洛蒙·特里斯莫辛包装成一位内行哲学家，其现实原型则可能只是一名生活在中世纪晚期或文艺复兴早期的炼金术士。特里斯莫辛被刻画成了传奇人物，他洞悉了古埃及炼金术的奥秘，并将其传授给了自己的学生帕拉塞尔苏斯。这一形象一旦被树立起来，就可以将许多中世纪的炼金术作品归入松散的所谓“特里斯莫辛流派”之中。曾被欧洲各地多份抄本收录的佚名之作《日之光芒》，也享受到了这种待遇。莱昂哈德·施特劳布认为，这部作品很适合被收录进自己编纂的《金羊毛》这部属于特里斯莫辛流派的合集之中。《日之光芒》与特里斯莫辛之间的关联原本十分松散，但随着《金羊毛》法文版的编纂者决定将特里斯莫辛当成《日之光芒》的作者，这二者就变得密不可分了。这名编纂者显然认为，强化这部中世纪炼金术作品与帕拉塞尔苏斯之间的关联，对于其追随者发起的运动而言十分有利。

我们有把握得出这样的结论：《日之光芒》的出版得

益于帕拉塞尔苏斯追随者的大力推动，这也正是这部作品能够在近代早期欧洲的炼金术理论家与实干家中间大受欢迎的主要原因之一。继《金羊毛》之后，《日之光芒》又被多部炼金术合集收录并出版。它甚至还被翻译成了英文，不过仍停留在抄本阶段（Telle 2006, 439-442）。

进入 17 世纪末，帕拉塞尔苏斯支持者发起的运动渐渐偃旗息鼓，《日之光芒》也风光不再。1744 年，学者尼古拉·朗格莱·迪·弗雷努瓦（Nicolas Lenglet du Fresnoy, 1674～1755）宣称，这部作品已是毁誉参半，"既受到某些人的推崇，又遭到另一些人的贬低"（Lenglet du Fresnoy 1742, I, 474）。在 19 世纪的大部分时间里，这部作品几乎已被人遗忘，直到 19 世纪与 20 世纪之交，才重新引发了黄金黎明协会的关注。到了朱利叶斯·科恩于 1920 年出版其英文译本时，帕拉塞尔苏斯追随者为《日之光芒》打下的烙印已消失殆尽。不过，科恩很了解帕拉塞尔苏斯的学说，因此在前言中没忘了提及，随着拉瓦锡提出的元素恒定不变原则宣告破产，"三成分"学说有可能重焕生机。"元素恒定不变原则的破产"，显然指的是人们新近发现的放射性这一现象（J. K. 1920, 7）。此外，科恩还再度将《日之光芒》与特里斯莫辛联系到一起，并称赞这位"行家里手"是"帕拉塞尔苏斯的导师"。此举也使《金羊毛》中的这位主角摆脱了遭人遗忘的命运。

87

参考书目

一手资料

Ars magna et sacra Psammurgicen, Mysticen, et Chrysodoram... a Salomone Trismosino, et Theophrasto ejus Discipulo, in Lucem et Formam de tenebris erutum atque productum. GKS MS 249, Royal Library of Copenhagen.

Ashmole, Elias. 1652. *Theatrum chemicum Britannicum.* London.

Aureum vellus, Oder Guldin Schatz und Kunstkammer... Von Dem Edlen, Hocherleuchten, fürtreffenlichen bewehrten Philosopho Salomone Trißmosino (so des grossen Philosophi und Medici Theophrasti Paracelsi Praeceptor gewesen)... 1598. Rorschach am Bodensee: [Leonhard Straub].

"Aurora consurgens, quae dicitur Aurea hora". 1593. In *Artis auriferae quam chemiam vocant, volumen primum*, 185–246. Basel: Waldkirch.

Aurei velleris, Oder Der Güldin Schatz und Kunstkammer. Tractatus III. Alter und Newer Ubriger Philosophischen Schrifften und Bücher... Sonderlichen Fratris Basilii Valentini, sampt dessen 12 Schlüsseln, etc.... 1599. Rorschach am Bodensee: [Leonhard Straub].

I.P.S.M.S. 1604. *Alchimia vera, Das ist: Der wahren und von Gott hochbenedeyten Naturgemessen Edlen Kunst Alchimia wahre beschreibung.*

J. K. (Julius Kohn). 1920. *Splendor Solis: Alchemical Treatises of Solomon Trismosin, Adept and Teacher of Paracelsus.* London: Kegan Paul.

La Toyson d'or ou La Fleur des Thresors, en laquelle est succintement & methodiquement traicté de la Pierre des Philosophes, de son excellence, effects & vertu admirable. Plus, de son Origine, & du vray moyen de pouvoir parvenir à la perfection. Enrichies de Figures, et des propres Couleurs representees au vif, selon qu'elles doivent necessairement arriver en la pratique de ce bel Œuvre. Et Recueillies des plus graves monuments de l'Antiquité, tant Chaldeens, Hebreux, Aegyptiens, Arabes, Grecs, que Latins, & autres Autheurs approuvez, par ce Grand Philosophe Salomon Trismosin Precepteur de Paracelse. Traduict d'Alemand en Francois, & commenté en forme de Paraphrase sur chaque Chapitre par L.I. 1612. Paris: Charles Sevestre.

Lenglet du Fresnoy, Nicolas. 1742. *Histoire de la philosophie hermétique*, 3 vols. Paris: Coustellier.

"Secreta auß eigner Handschrifft Trissmosini ad Theophrastum". GKS MS 1722, 30v–31v, Royal Library of Copenhagen.

Paracelsus, Theophrastus Bombastus von Hohenheim, 1493–1541. 2008. *Essential Theoretical Writings*, edited with commentary by Andrew Weeks. Leiden: Brill.

Paracelsus gennant, Philippus Theophrastus Bombast von Hohenheim. 1605. "Grosse Wundartzney". In *Chirurgische Bücher und Schriften*, edited by Johannes Huser, 1–148. Strasbourg: Lazarus Zetzner.

Paracelsus gennant, Philippus Theophrastus Bombast von Hohenheim. 1590. "Decem Libri Archidoxis". In Der *Bücher und Schriften...*, edited by Johannes Huser, 1–99. Basel: Conrad Waldkirch.

Pseudo-Lull, Ramon. 1573. *Testamentum Raymundi Lulii doctirssimi et celeberrimi philosophi.* Cologne: Johannes Birckmann.

Severinus, Petrus. 1570/1. *Epistola scripta Theophrasto Paracel-*

so. Basel: Henricpetri.

Suavius, Leo (Jacques Gohory). 1568. *Theophrasti Paracelsi Philosophiae et Medicinae Utriusque Universae, Compendium*. Basel.

"Salomon Trismosin: An Paracelsus zu Chur, 17 April 1515". Codex Vossianus Chemicus Q 24, 177v–178v, University Library of Leiden.

"Vier nützliche Chymische Tractat vom Stein der Weisen", Halle MS 1612, N1v–N3r, Halle Library.

二手资料

Brann, Noel L. 1979. "Was Paracelsus a Disciple of Trithemius?" *The Sixteenth Century Journal* (10:1), 70–82.

Debus, Allen. 2002. *The Chemical Philosophy: Paracelsian Science and Medicine in the 16th and 17th Centuries*, 2nd edition. Mineola, NY: Dover Publications.

Faivre, Antoine. 1995. *The Eternal Hermes: From Greek God to Alchemical Magus*, translated by Joscelyn Godwin. Grand Rapids, MI: Phanes.

Goldammer, Kurt. 1986. *Paracelsus in neuen Horizonten: Gesammelte Aufsätze*. Vienna: Verband der wissenschaftlichen Gesellschaften Österreichs.

Hedesan, Georgiana D. 2016. "Theory Choice in the Seventeenth Century: Robert Boyle against the Paracelsian *Tria Prima*", in *Theory Choice in the History of Chemical Practices*, edited by Emma Tobin and Chiara Ambrosio, 17–27. Dordrecht: Springer.

Hooykaas, Reijer. 1937. "Die Elementenlehre der Iatrochemiker". *Janus* (41), 1–28.

Kahn, Didier. 2007. *Alchimie et Paracelsisme en France à la fin de la Renaissance (1567–1625)*. Geneva: Droz.

Kahn, Didier. 2003. "Recherche sur le *Livre* attribué au prétendu Bernard le Trevisan (fin du XVe siècle)". In *Alchimia e medicina nel Medioevo*, edited by Chiara Crisciani and Agostino Paravicini Bagliani, 265–336. Florence: SISMEL.

Monod, Paul Kléber. 2013. *Solomon's Secret Arts: The Occult in the Age of Enlightenment*. London: Yale University Press.

Pagel, Walter. 1982. *Paracelsus: An Introduction to Philosophical Medicine in the Era of the Renaissance*. Basel: Karger.

Pereira, Michela. 1995. "Teorie dell'Elixir nell'alchimia latina medievale". *Micrologus* 3, 103–48.

Principe, Lawrence M. 2014. *The Secrets of Alchemy*. Chicago: Chicago University Press.

Prinke, Rafał T. 2015. "New Light on Michael Sendivogius' Writings: The Treatises Written in Prague and Maybe in Olomouc". In *Latin Alchemical Literature of Czech Provenance*, edited by Tomas Nejeschleba and Jiri Michalik, 131–47. Olomouc: Univerzita Palackeho v Olomouci.

Prinke, Rafał T. 1999. "The Twelfth Adept: Michael Sendivogius in Rudolphine Prague". In *The Rosicrucian Enlightenment Revisited*, edited by Ralph White, 141–92. Hudson, NY: Lindisfarne.

Shackelford, Jole. 2004. *A Philosophical Path for Paracelsian Medicine: The Ideas, Intellectual Context, and Influence of Petrus Severinus, 1540–1602.* Copenhagen: Museum Tusculanum.

Schmidt-Biggemann, Wilhelm. 2004. *Philosophia Perennis: Historical Outlines of Western Spirituality in Ancient, Medieval and Early Modern Thought*. Dordrecht: Springer.

Schmitt, Charles. 1970. "Prisca Theologia e Philosophia Perennis: due temi del Rinascimento italiano e la loro fortuna". In *Il pen-*

siero italiano del Rinascimento e il tempo nostro: Atti del V Convegno Internazionale di Centro di Studi Umanistici, Montepulciano 1968, 211–236. Florence: Olschki.

Sudhoff, Karl. 1894–1899. *Versuch einer Kritik der Echtheit der Paracelsischen Schriften*, 2 vols. Berlin: Georg Reimer.

Telle, Joachim. 2006. "Der *Splendor solis* in der frühneuzeitlichen Respublica alchemica", *Daphnis*. (35:3–4), 421–48.

Telle, Joachim. 1994. "Paracelsus als Alchemiker". In *Paracelsus und Salzburg, Vorträge bei den Internationalen Kongressen in Salzburg und Badgastein anläßlich des Paracelsus-Jahres 1993*, edited by Heinz Dopsch and Peter F. Kramml, 157–72. Salzburg: Mitteilungen der Gesellschaft für Salzburger Landeskunde 14. Ergänzungsband.

Telle, Joachim. 2006/7. "Paracelsus in pseudoparacelsischen Briefen". *Nova Acta Paracelsica* NF (20), 147–54.

Walker, D. P. 1972. *The Ancient Theology*. London: Duckworth.

Webster, Charles. 2008. *Paracelsus: Medicine, Magic and Mission at the End of Time*. New Haven, CT: Yale University Press.

Weeks, Andrew. 1997. *Paracelsus: Speculative Theory and the Crisis of the Early Reformation*. Albany, NY: SUNY Press.

对《日之光芒》文字与插图的点评

斯蒂芬·斯金纳

93

接下来我将参考现收藏于大英图书馆的那份《日之光芒》抄本（哈利 3469），对其插图以及文字加以概述。插图共有 22 张，我将对每幅主插图及其边框做出说明，对原版文字加以总结，并分析这些图案的象征意义。这些信息应该会有助于读者理解这份抄本，并从炼金术实际操作的角度出发，对其做出总体性的解读。

插图的概况

《日之光芒》的原始文字并未对所有插图做出全面的点评，许多象征符号甚至压根未被提及。类似地，插图也只是偶尔才会描绘文字叙述的内容。这表明二者的问世时间不尽相同。

《日之光芒》中的插图可以分为四组，分别描绘了“伟大技艺”（即锻造“贤者之石”的过程）的四个阶段。

94

第一组包含 4 张插图，第二组包含 7 张插图，第三组包含 7 张插图，最后一组也包含 4 张插图，总计 22 张。分组的依据是基本元素以及行星的数量（分别为 4 个和 7 个）。各组的具体情况如下。

1.“伟大技艺”之原则的概要

- 插图 1：“伟大技艺”的目的就在于，将黯淡无光的太阳（代表黄金深埋在大地里），变得光辉灿烂（代表炼金术士炼出了黄金）；
- 插图 2：以自然景观为背景，一位“贤者”（即炼金术士）正在摆弄他的一个烧瓶，施展这门技艺；
- 插图 3：“伟大技艺”的基础在于，将贤者之汞与贤者之硫结合起来；[1]
- 插图 4：国王与女王分别代表太阳与月亮，或曰硫与汞，他们上演了一场“化学婚礼”。

2. 促成物质转化的一系列操作

- 插图 5：矿砂等“原始材料”必须取自大自然；
- 插图 6：乌鸦象征着第一阶段，即材料先变黑，再开始变白；
- 插图 7：“国王溺水”代表着下一阶段，即“溶解”，其象征符号通常是天鹅；
- 插图 8：某人跃出黑色沼泽，得到了一身新的行头；
- 插图 9：阴阳人象征着雌与雄的结合；

1　需要注意的是，这里的“汞”和“硫”指的并不是通常意义上的这两种化学元素，而是特指“贤者之汞”与“贤者之硫”。

- 插图 10：代表四种基本元素的四肢被与代表精华的金色头颅分离开；
- 插图 11：通过煮沸令材料重焕生机，蒸气如同白鸟一般升起。

3. 在对应于七大行星的烧瓶里进行的一系列操作

- 七大行星分别象征着：土星（铅）、木星（锡）、火星（铁）、太阳（金）、金星（铜）、水星（汞）、月亮（银）。

4. 分为四个阶段的一系列操作

95

- 插图 19 与插图 22：从象征黄金被隐藏在背面或是被埋在大地里的太阳形象，演变为发射出耀眼光芒、象征纯金的朝阳；
- 插图 20 与插图 21：炼金术就如同“儿童的游戏”以及“妇女的活计”（如洗衣和做饭）一样简单。

炼金术士手中的物质一开始属于“原始材料”。《日之光芒》的文字将这种物质称为“土”（earth）。当然，这指的并非字面意义上的泥土，而仅仅是在暗指，大自然通过摆弄土，创造了山丘以及蕴含于其间的矿砂。这背后暗含着这样的想法：炼金过程必须始于源自大自然的某种“半成品”，并在此基础上令其日臻完美——在人们心目中，最完美的金属莫过于黄金。到了第四篇短文中，对该物质的称谓从“土”变成了“（贤者之）石”。

这些插图原本没有标题。不过为了方便起见，本书为其取了描述性的名称。和原抄本以及乔斯林·戈德温的译文一样，在方括号中注明了其页码。请注意，“r”代表右页，“v”代表左页。

对插图的描述以及对文字内容的概括

1.“伟大技艺”之原则的概要

96

[1r] 文字部分由一篇前言和七篇短文组成。

[2r] 插图 1：伟大技艺的纹章

纹章上绘有一个蓝色枝叶点缀着的太阳，其上则是一顶带有冠冕的头盔，头盔上绘有三弯新月。再往上绘有另一个太阳，从一张红色的帷幔发射出光芒。

卷轴上的文字：“伟大技艺的纹章”（Arma Artis）。[1]

画框图案：两只猴子（一只持一把古琵琶）、苍鹭、猫头鹰、植物。

含义：这门技艺能够将大自然中黯淡无光的黄金（太阳）炼制成光亮耀眼的黄金（太阳），“两个太阳”便是这一理念的体现。位置靠下的太阳双眼和口中又各含一个太阳，这代表着“合三为一、一分为三”的炼金原则。

[2v] 前言

前言指出，与其三心二意，还不如压根不要去尝试炼金术。

[3r] 这部分内容描绘了各种自然进程及其与“伟大技艺”的关系。所有金属都来自大地。七大行星与四大基本

1 这句话常常被译成“伟大技艺的武器”，但译作“伟大技艺（即炼金术）的纹章”更为准确。

插图 1
伟大技艺的纹章

Arma Artis.

元素经年累月地相互作用，这些金属也随之发生改变。一切会生长的东西（包括金属在内），都是大自然通过促进或结合等方式制造出来的。我们无法制造出一棵树，但如果找到种子，把它种在适宜的土壤里，为其施肥，我们就可以种出一棵树。与之相同，只要找到正确的“种子”或起点，而且“伟大技艺”使大自然将金属变得完美，那么我们就可以“种出”黄金。在此提到了亚里士多德的《气象学》（*Meteorology*），这会使人回想起他的这一理论：一切自然物质，如金属，都会力求达到完美。万事万物都是由原始材料构成的。若赋予其正确的形式，那么这些材料就会充分显现出来。

98 四大基本元素会按照不同的比重，在“伟大技艺”中发挥作用。因此这段文字强调的是它们的性质，即湿、干、冷与热。正如插图 2 卷轴上的文字所言：“让我们研究自然界的四大基本元素。”炼金术士相信，如果能够按照正确的步骤利用四大基本元素，进而将原始材料变得完美，这些物质就能变为黄金。在许多矿藏中都能发现黄金，这一事实会让人以为，物质变化的过程的确有可能实现，因为大自然已经部分地完成了这项工作。炼金术士们相信，他们能够加快这一自然进程，提前数万年炼制出黄金。

炼金术中的一大重要问题在于：“原始材料包括哪些？”作为炼金活动的出发点，据说原始材料（被称为“贤者之汞”）是所有金属共同含有的，并通过四大基本元素的作用而得以成形。炼金过程中使用的金属似乎通常都是化合物，而非单质，并且呈现为粉末、泥土、黏液或蒸气等形态。比如说，第一步就需要将金属变成黑色的黏液。盐、硫和汞往往会被当成辅助材料，但这些材料都不会被应用于普通化学物质。

[4r] **插图 2：哲人及其烧瓶**

画面中站着一位留着胡子的哲人，他身着红色与蓝色衣服，指向一个装了半瓶金色液体的烧瓶，这就是他的最终成果。

卷轴上的文字：Eamus Quesitum Quasuor Elemementorum Naturas（原文如此），大致可以译为“让我们研究自然界的四大基本元素”。[1]

画框图案：鹿（雌性与雄性）、孔雀、猫头鹰、群鸟、苍蝇。

含义：哲人手持炼金成果，鼓励我们去研究自然界的四大基本元素。

1　正确的拉丁文写法应为：Eamus Quesitum Quatuor Elementorum Naturas。我认为这是画家的笔误，而非另有深意的暗语。

插图 2
哲人及其烧瓶

Eamus
Quesitum Quatuor
Elemementorum
naturas

[4v] 第一篇短文

炼金术的关键在于，按照正确的顺序促成一系列色彩变化。“贤者之石”来自对自然物质的“绿化”。[1] 自然物质一旦成熟，便会变绿。不过我们需要利用炼金术助大自然一臂之力，加快这一进程。

100 关于这一进程究竟要花费多长时间，并无定论。存在着七天、十天、四十天、一年、四季以及三年等各种说法。“母鸡下蛋”这则寓言的寓意在于，正如鸡蛋孵化的过程一样，只有细致地控制好外部温度，物质转化才会发生。

[6r] 首先需要令原始材料腐烂。可以通过外部加热或是过度降温来实现这一点，其中后一种情况又被称作“禁闭”（mortification）。此时湿润与干燥的部分会结合起来。[6v] 干燥的部分先是会被分离出来，然后会化为灰烬。但这并不是因为遭到了焚烧，而是逐渐浸湿、碾碎以及煅烧所致，这样的过程会导致干燥与湿润的部分融为一体。

[7r] 插图 3：双向喷泉的骑士

一名头戴冠冕的骑士跨在一座华美的双向喷泉上，喷泉里的水已经溢了出来。他胸前铠甲的颜色依次是黑色、白色、黄色与红色（这正是赫拉克利特规定的顺序）。在他的头部则围绕着七颗行星。他身披全套金光闪闪的铠甲，右手挥舞着一把利剑，左手持一把金色盾牌。盾牌上刻着

插图 3
双向喷泉的骑士

1 原文使用的德语术语是“das Grünen”（意为“使……变绿”）。

Ex duabus aquis
unã facite Qui
quaeritis
na facere Et date
bibere in
Et uidebitis
eum mortuum
Deĩn de aqua ter
ra facite Et lapi
de multi
plitas
tis

的文字是："Ex duabus aqui una[m] facite Qui quaeritis Sole et Luna facere. Et date bibere in mico uro. Et uidebitis cum mortuum. Dein de aqua terra facite Et lapide multiplicastis。"大致可以翻译为："你来自两片水域，致力于借助太阳与月亮的力量。为它奉上闪闪发光的灼热（液体），供其饮用。[1] 你将看到它的死亡。然后在水中会形成土，石也会增多。"

画框图案：孔雀、群鸟、猫头鹰、花卉。

含义：骑士胸前铠甲的颜色与炼金术各阶段所呈现的颜色相对应，即黑色、白色、柠檬色（黄色）与红色。双向喷泉装有"贤者之汞"与"贤者之硫"的混合物。在骑士的头部则围绕着七颗行星。利剑或许象征着"蓬塔努斯的神秘火焰"（Secret Fire of Pontanus）。[2]

1 有人错误地将这种液态"神秘火焰"解释为某种酸。

2 用铁与锑锻造而成。

[7v] 第二篇短文

大自然用汞和硫制造出各种金属。它们的蒸气结合在一起，自然而然地凝结起来，便形成了大地中的金属矿脉。“贤者之汞”乃构成金属的首要物质。

大自然将“贤者之汞”与“贤者之硫”结合到一起，由此形成了具有金属性质的物质。炼金术士应该利用这种物质，[8v] 接手大自然未完成的工作，凭借这种结合的产物来施展自己的技艺。[9r] 首要工作就是溶解这些“土”（即原始材料），令其升华、提纯并凝结。令其起起落落；将其浸湿，然后晒干。这些步骤务必同时在同一个器皿里完成，缺一不可。

102

[10r] **插图 4：月亮女王与太阳国王**

女王身着白衣，手持卷轴，上面写着“Lac Viramium”（意为“处女的乳汁”）的字样，站在一个盛有此种物体的活生生的球状物之上，正在与国王交谈。她头顶是一个月亮。国王同样手持卷轴，上面写有“Coagula Maasenculium（原文如此）”（意为“雄性的凝结物”）的字样。[1]他还手持一把权杖，身披红色与纯白色的长袍。他头顶有一个太阳，双脚则站在烈焰之中。[2]

画框图案：植物与群鸟。顶部和底部的卷轴分别写有“Particularia” 和“Via Universalis particularibus. Inclusis”字样，意为“特殊源自（并且属于）一般”。

画面下方绘有一条饰带，左侧描绘的是阿喀琉斯大战赫克托耳的场景；中部描绘的是亚历山大大帝[3]的大军，并配有“捉拿蛇怪”[4]这一图说；右侧描绘的则是国王拜访待在木桶中的哲学家第欧根尼（Diogenes）的场景。[5]

含义：炼金术是一门关于如何将“贤者之汞”与“贤者之硫”结合起来的“伟大技艺”。女王和国王这两位人物还分别代表了月亮女神狄安娜（白色石头）和太阳神阿波罗（红色石头）。具体个例乃普遍原则的体现，或者说蕴含在后者之中。如果将“处女的乳汁”理解为某种溶

1 这句拉丁语或许本应写作“Masculinum Coagula”。

2 这一形象源自 1550 年首度印刷出版的《哲人玫瑰园》一书。

3 第 46 页（左页）在谈论“万能药”时也提到了亚历山大大帝。

4 这是一种从鸡蛋中孵化出来的庞大的蛇形怪物。据说其呈粉末状的血液（辅以人血、紫铜和醋）可以将铜变成黄金。还有人认为这指的是炼金术的一种原始材料。

5 第欧根尼的父亲铸造过金币。据说他本人也与亚历山大大帝见过面。

插图 4
月亮女王与太阳国王

Particularia
Via Vniuersalis particularibus Inclusis

剂，那么这幅插图就是在描绘“溶解与凝结”这一炼金方略。“白衣女王”（汞）与“红衣国王”（硫）的结合常常被称作“化学婚礼”。[1]

1　该词出自玫瑰十字会的经典作品《基督徒罗森克鲁兹的化学婚礼》。

2. 促成物质转化的一系列操作

[11r] 第三篇短文

104

本文包含七则寓言，这些寓言依次说明了促成物质转化的一系列操作。这些操作的配图见插图 5 至插图 11。

第一则寓言

这则寓言描述的是自然进程，阐明了炼金术士对于地质活动以及矿砂形成过程的观点，与现代地质学家的看法并无太大出入。凭借七大行星的影响以及大自然的活动，上帝创造了山脉、峡谷、岩石与矿砂。[11v] 这一进程开始之时，土地已经堆积起来，准备接受太阳的炙烤。湿热的环境导致原本湿冷的大地释放出大量硫蒸气。地面随之抬升，山脉就此形成。[12r] 如此一来，最优质的矿砂总是埋藏在山区，因为那里的土地混合与“烹煮”得最为充分。在地势平坦的地方无法发现矿砂，因为那里的土壤过于黏稠与肥沃（即富含黏土）。低地由淤泥而非石头构成，这里的土壤吸收了过多水分，质地过软，就如同生面团一般（即已被烘干）。[12v] 只有肥沃、黏稠、湿润的土壤才能变成石头。[1] 经过太阳的炙烤以及大自然的作用，土壤便有可能变成石头。水分大的土壤可能会生成“贤者之汞”，炽热、坚硬的土壤 [13r] 则可能生成“贤者之硫”。

1　炼金术士认为石头源自土壤，地质学家则明白，石头经风化才形成了土壤。不过双方都认为，这二者之间存在因果关系。

[13v] **插图 5：挖掘矿砂**

两名矿工正在用锄头在一座小山上挖矿。一弯新月照耀着附近的湖面。

画框图案：这幅插图的画框显得与众不同，很像是镀金的镜框。在画面下方，国王哈苏埃罗斯 [Hasueros，又名阿哈苏埃鲁斯（Ahasuerus）] 和王后埃丝特斯 [Esthes，又名埃丝特尔（Esther）] 正在上朝，这影射的是《旧约 · 路得记》中的一则故事：路得救了犹太民族的命，令其免遭阿哈苏埃鲁斯的屠戮。[1]

含义：原始材料必须来自大自然，或许由两种矿砂结合而成。

插图 5
挖掘矿砂

1　有些学者认为，这足以证明《日之光芒》的作者是犹太人。

HASVEROS
ESTHES

106

[14r] 第二则寓言

气存在于天与地之间，它所包含的湿润成分滋养着万事万物的生命。它会生成雨，并为大地补充水分，大地则因此变得富饶，并结出果实。在这一过程中长出了一棵树，或黑或白的乌鸦们栖息在其枝头，它们象征着在炼金过程中，黑色的材料正在逐渐变白。在拂晓时分，这些乌鸦会飞往别处，这代表着炼金过程进入了下一阶段。据说这棵树会结出四种东西：[14v] 珍珠、鸟巢、黄金，以及能够治病的果实。[1]

[15r] 插图 6：长着金枝的炼金树

埃涅阿斯（Aeneas）和西尔维乌斯（Silvius）在一棵树下交谈。分别有七只黑乌鸦和七只白乌鸦从这棵树的枝头飞向别处。最大的那只乌鸦啄食着这棵树的果实，它的头则变成了白色。一名男子将梯子倚靠在树上，正在向上攀爬。这棵树则在一顶黄金冠冕的庇护下茁壮成长（这表明炼金术是一门王室技艺）。这名男子正在攀折一根黄金树枝。这根树枝将帮助埃涅阿斯毫发无损地穿越地狱之火。[2] 树下的两人均身着红白两色服装。

画框图案：四名裸体女性在一处黄金喷泉里沐浴，另有两人在一旁服侍。中部的圆形图案上写有“1582”这一

1 这则寓言还附带一段与“卢纳蒂卡”（lunatica）或“贝里萨”（berissa）这种植物有关的注。这段内容似乎是后来添加的。一份简短的配方表明，只要将这种植物与汞一起加热，后者就能先变成白银，再变成黄金。据说在这一过程中，一份汞能够变成 100 份黄金。

2 Virgil, *Aeneid*, Book VI.

插图 6
长着金枝的炼金树

1582

年份。[1]

含义：乌鸦代表着黑色已经消退。半数乌鸦都变成了白色，这意味着炼金过程将进入下一阶段。两名主角的衣服为红白两色，与接下来物质变化的两个阶段相对应。女性侍者的衣服则为红色和柠檬色。柠檬色代表的是炼金过程中发生在白色与红色之间的一个短暂阶段。黄金树枝能够帮助原始材料毫发无损地经受烈火的考验，正如它能帮助埃涅阿斯毫发无损地穿越地狱之火一样。这甚至可能是在暗示，此时在烧瓶中已播下了黄金的“种子”。梯子共有七级，对应插图 12 至插图 18 所描绘的七大行星。

1　已知最古老的《日之光芒》抄本问世于 1531 年。

[15v] 第三则寓言

108

加热潮湿的物体时，它首先会变黑。“大地国王”开始下沉，他大声呼救，希望会有人来救自己。随着夜晚过去，晨星（即金星）的光芒穿透了云层，太阳发出耀眼的光芒，国王也得救了。他现在站立在前景之中，身着华服，头戴一顶三重王冠。他右手持一把刻有七大行星图案的权杖，左手则握着一个金球，金球上站着一只鸽子。

[16v] **插图 7：溺水的国王**

“大地国王”在一处湖泊中溺了水。他大声呼救，承诺将给予拯救自己性命的人以重赏。得救之后，国王重新焕发了活力，看上去年轻了许多。此时他站在湖边，身着黄色长袍与貂皮华服，手持权杖与金球，头戴一顶由金、银和铁制成的三重王冠。金球上站立着一只白鸽。太阳位于国王身后，他上方则有一颗金光闪闪的星星。

画框图案：群鸟以及一只蝴蝶。下方绘有两处神话场景，分别是男子用棍棒击打萨堤尔和宁芙。

含义：金星拯救了溺水的国王。与金星对应的金属是铜，这说明在这一炼金过程中，铜可能是一种催化剂。国王的长袍为柠檬色，这表明在整个炼金过程中，这一阶段介于白色与红色之间。三重王冠可能代表着盐、硫以及汞这三大要素。湖泊里的水分具有破坏性，差点要了国王的命，适度的水分则令他重焕生机。

插图 7
溺水的国王

[17r] 第四则寓言

通过溶解这一工序赋予各种物质以灵性，然后通过仔细烹煮，赋予灵魂（即蒸气）以实体。一名赤身裸体的深肤色男子陷入了一片臭气熏天的黑色淤泥之中，[17v] 一名长着翅膀、头戴冠冕的美丽女子将他救了出来，她或许是一位天使。她准备用一件镶有金边的紫色斗篷将男子裹起来，并将他高高举起。

[18r] 插图 8：天使与沼泽中的深肤色男子

一位长着白色翅膀、头戴冠冕的天使，将一件红色斗篷递给了一名刚从沼泽里爬出的深色皮肤裸体男子，天使头上有一颗闪耀的六角星。该男子的头部像是本抄本中出现过的一颗红色水晶球。他的双臂一条是红色，另一条是白色。天使戴着一条金项链，并搭配了一颗巨大的红宝石。

画框图案：两只公鹿、两只猴子、植物、花卉。鹿象征着重获新生，再度强调了男子被从沼泽中救出这一情节。

含义："大地国王"陷入了一片阴冷潮湿、臭气熏天的淤泥，后被天使救出。天使不仅为国王披上了衣服，还将他高高举起。黑色就此获得了终极救赎。该男子的双臂分别代表即将进入的白色与红色这两个阶段。

插图 8
天使与沼泽中的深肤色男子

112　　[18v] 第五则寓言

太阳和月亮分别代表土与水，或者男人与女人。由此便形成了四种基本性质：热、冷、湿以及干。氧化镁（即“精华”）被视作第五种基本元素，它源自前四种基本元素。用第五种基本元素可以炼制出“自然的贤者之石”，这也标志着炼金过程大功告成。

[19r] 鸡蛋的寓言对此做出了解释。在那则寓言中，蛋壳代表着土；蛋白代表着水；存在于蛋壳与蛋白之间、蛋白与蛋黄之间的那层皮代表着气；蛋黄代表着火；受精的母鸡代表着第五种基本元素。这样一来，一枚鸡蛋就包含了所有基本元素。[1] 此外明显可以看出，阴阳人的左手正握着一枚鸡蛋。[2]

插图 9：阴阳人

一名长着翅膀的阴阳人身着黑色小礼服，左手握着一枚鸡蛋，右手则持一面凸透镜。其右侧翅膀为红色，左侧翅膀为白色（与前一幅插图中分别为红白两色的双臂相呼应）。这名阴阳人有两颗头，一颗为男性，另一颗为女性。两颗头的头顶都有光环。黑色短袍正面下部的搭扣为红色和金色。背景中绘有一条河、一个小镇和一片海洋。

画框图案：群鸟、果实与植物。

含义：这幅插图的主题是“结合”。正如寓言中所提到的，鸡蛋象征着四种基本元素。有人认为凸透镜代表整个炼金过程，还有人认为它代表原始材料，因为它反射出的自然景观正是原始材料的来源之所在。不过，此时它们已不再处于炼金过程的初始阶段。阴阳人身兼男女这两种性别，其双翅分别为不同的颜色，这都再度凸显，“伟大技艺”的关键就在于促成“贤者之硫”与“贤者之汞”的结合。

1　这虽然只是一则寓言，却有许多炼金术士信以为真。他们敲碎了上千枚鸡蛋，试图从中提取基本元素。走上这条弯路的炼金术士就包括约翰·迪。

2　乌尔曼努斯创作于 1410～1416 年的《圣三位一体之书》，有可能是首部提及阴阳人形象的炼金术著作。

插图 9
阴阳人

114

[20r] 第六则寓言

一名全身雪白的男子被肢解，其金色头颅也与身体分了家。剑客拿着一张纸，纸上写着："我杀死了你。你的生命力或许曾很旺盛，但我会将你的头颅藏起来。我还会埋葬你的身体，以免俗人发现它并将它抢走。这样一来，你的身体就会腐烂、增殖，并孕育出无数果实。"这象征着第五种元素被与其他四种元素（即四肢）分离开来。

[20v] 插图 10：被肢解的尸体与金色头颅

一名留着胡子的男子身着盔甲，披着一件半透明的白色短袍，手持一把长剑。他刚刚将倒在地上的另一名男子肢解。他左手持一颗镀金头颅。背景中绘有一幢坐落在运河边的文艺复兴风格的侧面敞开式建筑。这番景象与威尼斯很相似。立柱基座上描绘的则是骑士策马奔赴战场的景象。

画框图案：两幅古典小插图，描绘的分别是一名骑着河马的国王（波塞冬？），以及一名划着小艇的妇女。画框上还绘有花卉与群鸟的图案。

含义：将金色头颅这一"精华"与四种基本元素（即四肢）分离开来，并保存起来。

插图 10
被肢解的尸体与金色头颅

116

[21r] 第七则寓言

一名希望能重获青春的老人将自己的身体切碎，并加水彻底煮沸，以便身体的各个部分能够重新结合起来，并重焕生机。这幅图案或许参考了奥维德《变形记》中美狄亚通过烹煮其公公埃宋的身体，来帮助他重焕青春的故事。

[21v] 插图 11：被烹煮的哲人重焕青春

在一座富丽堂皇的文艺复兴式庭院中，一名蓄着白色胡子、赤身裸体的男子（与前一幅插图中的男子很相像），正在热水中经受烹煮，身旁的助手正操作着风箱。该男子的头上则停着一只白鸟。这一行为看上去是出于自愿，男子头顶的白鸟则是在暗示，蒸气或曰灵性已蒸腾而出。某种液体正在被导入锅炉侧面的烧瓶里。两座壁龛内分别供奉着朱比特和墨丘利的神像。石柱底部的半浮雕刻画的则是皮格马利翁（Pygmalion）以及他爱上的那尊雕像。

画框图案：植物、群鸟、猫头鹰、红松鼠、蝴蝶以及一只蜜蜂。

含义：煮沸以及挥发作用（以白鸟为象征）。材料必须经过充分烹煮，直至沸腾状态，才能重焕生机。

插图 11
被烹煮的哲人重焕青春

3. 在对应于七大行星的烧瓶里进行的一系列操作

[22r] 第四篇短文

118

插图 12 至插图 18 描绘的是代表七大行星的七只烧瓶，这篇短文即与此有关。有些人认为，这七只烧瓶分别代表不同的热度，但这种说法并不是太有说服力，因为在前三只烧瓶的下方固然绘有火焰（或是树叶），但后四只烧瓶没有被加热的迹象。与这种解释相反，这些烧瓶其实与物质转化有关，这一过程分七个阶段进行，分别对应于七大行星。第一，需要通过加热令土中被烧硬的部分熔化。土中的缝隙将变大，足以吸收水分。插图 12 烧瓶中的孩子正在扇风，并给龙喂水喝。这说明一方面还需要进一步加热，另一方面需要不断补充水分，以免炼金材料变得过于干燥。

[23r] **插图 12：土星——给龙喂水**

一只戴有冠冕的敞口烧瓶[1]正在用火焰加热。这只烧瓶里装着一个赤身裸体的小孩，他一边喂一只浅黄色的翼龙喝水，一边使劲为它扇风。在其他抄本中，这是一只绿龙。烧瓶下方放置着一圈树叶，不过这也有可能是火苗。[2]土星则会被与铅以及锑联系在一起。

外层图案：两只翼龙或狮鹫为萨图恩拉着战车。车轮上绘有摩羯座和水瓶座的图案，黄道十二宫中的这两个星座归萨图恩管辖。萨图恩则手持镰刀与双蛇杖。与萨图恩相关的场景包括：乞求、商业活动、引水、准备羊皮纸、阉猪、耕作以及布置帷幔。

含义：在加热炼金材料的同时要添加水分，以避免它变得过于干燥。正如迈克尔·迈尔所言："龙一向代表着汞，无论它是处于固态，还是处于易挥发的状态。"[3]在此萨图恩就等同于年迈的墨丘利。

[23v] 第二，需要通过加热来驱散土中的黑暗物质，先令深色变为白色，再令白色变为红色。

1　在哈利抄本中，这似乎是一只封口烧瓶，但在其他抄本中，该烧瓶都是敞口的。

2　某印刷版以及《日之光芒》的其他多个抄本都印证了这一点。

3　*Atalanta fugiens*, Oppenheim, 1617.

插图 12
土星——给龙喂水

[24r] 插图 13：木星——三只鸟

一只戴有冠冕的封口烧瓶[1]装着三只鸟（分别为红色、白色和黑色）。这三只鸟构成了环形。它们分别对应于炼金过程中的黑色、白色与红色这三个阶段。烧瓶下方是一圈树叶或火苗。

外层图案：朱比特手持雷电，两只孔雀为祂拉着战车。一名仆人为朱比特递上了一个盘子。车轮上绘有射手座和双鱼座的图案。与朱比特有关的场景包括：教皇给国王加冕，银行家的藏宝箱，一张摆放着黄金与文件、用于算账的桌子。

含义：务必依次重复黑色、白色以及红色这三个阶段，才能令固态材料变得易于挥发。

[24v] 第三，将固态材料变得易于挥发。在这一阶段，加热能促使炼金材料挥发，并像插图 14 中的三头鹰一样飞翔起来。

插图 13
木星——三只鸟

1　在其他抄本中这是一只敞口烧瓶。

122

[25r] 插图 14：三头鹰

一只戴有冠冕的封口烧瓶装着一只头戴冠冕、双翅展开的三头鹰。三只鹰合而为一。烧瓶下方是一圈红色的树叶或火苗。

外层图案：玛尔斯身披全套铠甲，两匹狼为祂拉着战车。战车前方则有一条卷曲着身体的蛇。车轮上绘有白羊座和天蝎座（一半被隐藏了起来）的图案。有关玛尔斯的场景包括：士兵、着火的房屋、战斗、武士、抢夺（作为战利品的）牲畜。

含义：黑色、白色和红色这三个阶段被结合起来，但并未完全融为一体。

[25v] 第四，通过加热净化不纯净的成分，清除多余的矿物以及难闻的气味。通过提纯，炼金材料得到了净化。将土与火分离开来。务必通过净化、清洗与分离，清除掉不纯净的成分，这样一来炼金操作才能完成。

插图 14
三头鹰

[26r] **插图 15：太阳——三头龙**

一只戴着冠冕、未被加热的封口烧瓶内装着一只三头绿色翼龙。它的头分别是白色、红色和黑色，与插图 13 中的色彩相呼应。

外层图案：太阳神头戴冠冕，两匹配有黄金挽具的马拉着祂的战车。战车只有一个轮子，上面绘有狮子座的图案，因为在黄道十二宫中，唯一归太阳神管辖的星座就是狮子座。与太阳神相关的场景包括：决斗、争执、摔跤。画面下方的图案为，一位土耳其使节与一名骑马者正在进行外交活动。

含义：通过加热导致的升华作用，清除材料中不纯净的成分。象征符号从鸟变成了龙，这代表炼金过程从蒸发变成了升华。

随后便可以撤去火源，并为烧瓶封口。[1]

[26v] 第五，温度会进一步上升，令蕴含在材料中的灵性得以释放。

1 烧瓶外观的这种改变，在 1598 年于罗尔沙赫印刷出版的黑白版中体现得更为明显。

插图 15
太阳——三头龙

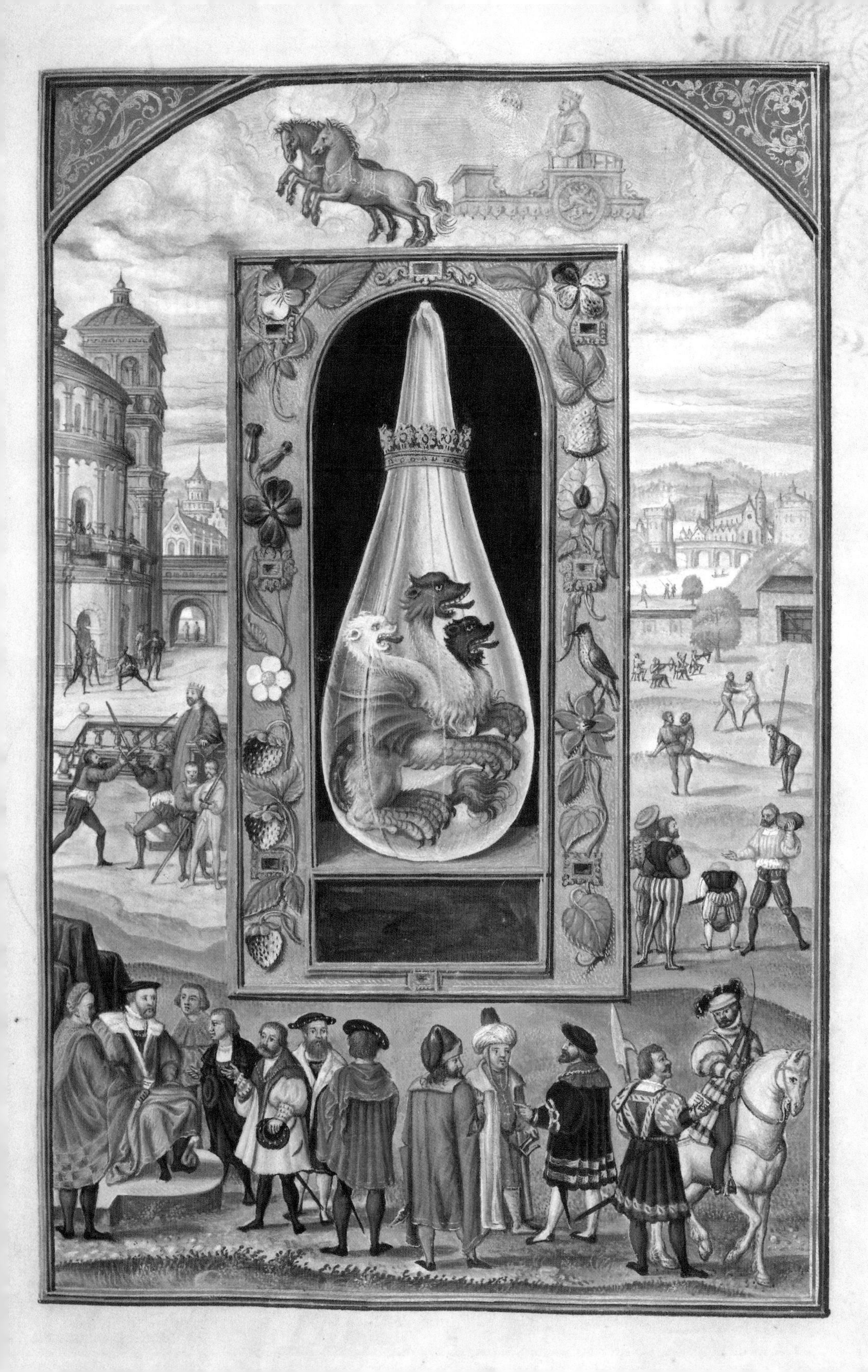

126

[28r] 插图 16：金星——孔雀

一只戴着冠冕、未被加热的封口烧瓶内装着一只开屏的孔雀。在炼金过程的这一阶段，烧瓶内壁的色彩会迅速变化，形成非常美丽的图案。

外层图案：维纳斯手捧一颗被金箭射中的心脏，站在爱神厄洛斯身旁。两只鸽子拉着祂的马车。车轮上绘有金牛座和天秤座的图案。与维纳斯相关的场景包括：戏水者、爱侣、大快朵颐、奏乐、阅读、舞蹈。画面下方的图案为，三人正在用餐，有五名音乐家在一旁为其奏乐。

含义：孔雀象征着烧瓶内部因升华作用而呈现出的缤纷色彩。

插图 16
金星——孔雀

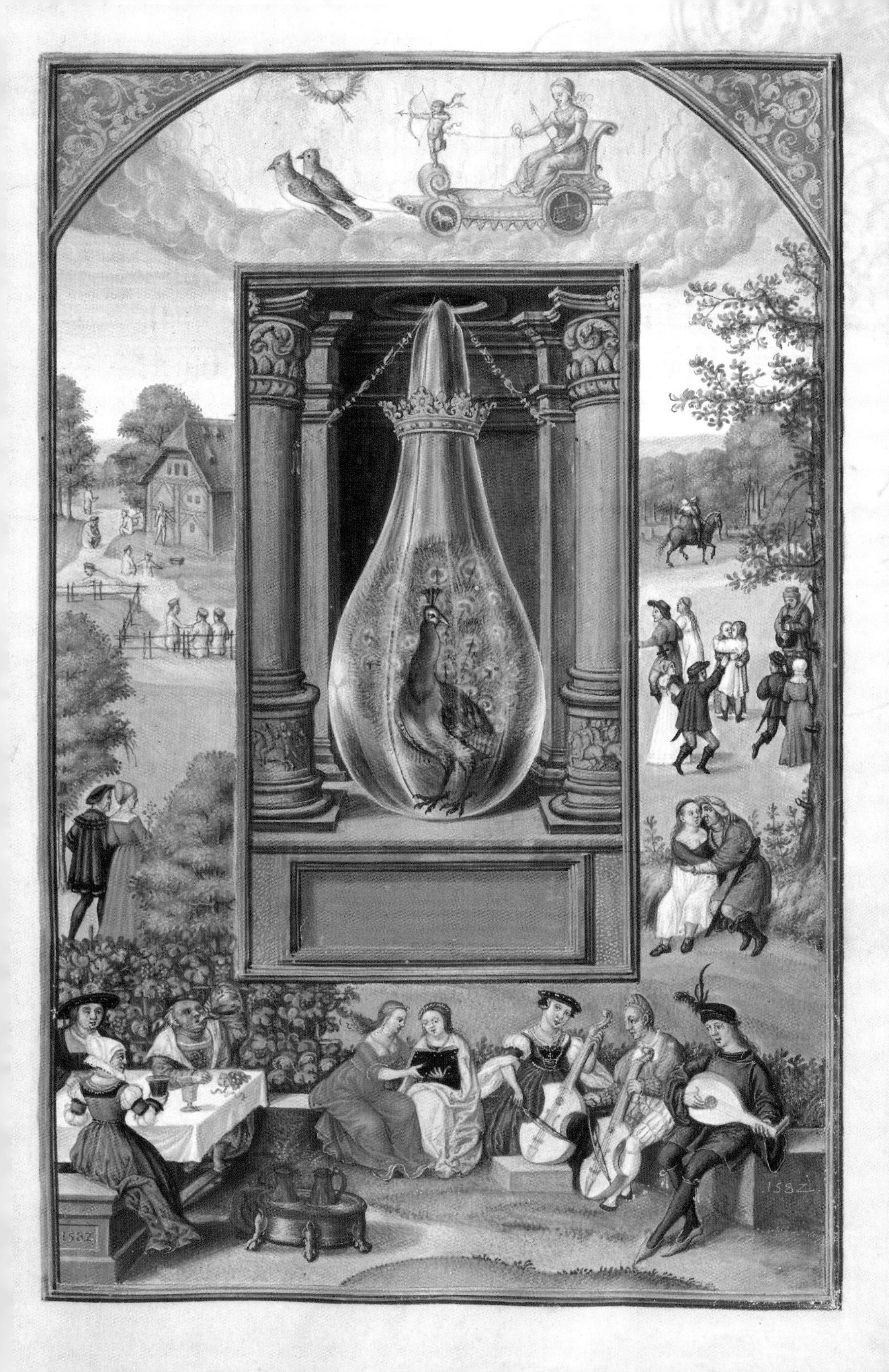
1582
1582

[27r] 插图 17：水星——白衣女王[1]

在一个戴着冠冕的敞口烧瓶[2]内，站着一名头戴白色冠冕、袒胸露乳的女王，她手持圆球与权杖，笼罩在鸡蛋形状的金色光晕之中，光晕的里层与外层分别为黄色和蓝色。[3]她站在一张泄了气的太阳面孔之上。她的权杖与插图5中阿哈苏埃鲁斯以及插图7中得救的溺水国王手中的权杖一模一样。

外层图案：墨丘利手持双蛇杖与镰刀（这是在影射萨图恩），两只公鸡拉着其战车。车轮上绘有处女座与双子座的图案。与墨丘利相关的场景包括：石匠、尺蠖、地理学家、学者、音乐家。

含义：在插图4中出现过的白衣女王能够"将一切不完美的金属都变成最纯净的白银"。[4]这是在暗示白色酊剂已被炼制出来（这种酊剂与月亮有关）。

[27v] 第七，加热令冰冷的材料变得温暖。然后务必将其蒸馏七次，以清除容易腐败的湿润成分，但这其实只能算作一次蒸馏过程。烧瓶中的女王代表着"白色石头"。

[28v] 第六，加热令凝结的部分溶解，使其上升到其他成分之上。于是便会升腾起五光十色的蒸气。月亮的寒意令火焰熄灭，热度也随之逐渐降低。

---

1 该抄本将金星与水星这两张插图的顺序弄反了：水星在前，金星在后。在此将其调整为惯常的顺序，即金星在前，水星在后。

2 原书如此，但图中显示为封口烧瓶。——译注

3 蓝色有时会被用于象征红色阶段之后的"精华"阶段。

4 《天赐的礼物》，15世纪。

插图 17
水星——白衣女王

1582

130

[29r] 插图 18：月亮——红衣国王[1]

戴着冠冕的这只烧瓶此时再度被封上了口。在烧瓶内部，国王手持圆球和权杖，站在一弯倒着的新月上，沐浴在金光之中。

外层图案：月亮女神手持一弯新月，两个女孩拉着祂的战车。战车只有一个车轮，上面绘有巨蟹座的图案，这是黄道十二宫中唯一归月亮女神管辖的星座。与月亮女神相关的场景包括：旅行、放鹰、射击、钓鱼。

含义：红衣国王在插图 4 中也出现过，他代表着炼金过程的终结。红衣国王能够“将一切不完美的金属都变成最纯净的黄金”。这是在暗示红色酊剂已炼制完成。

关于热度的附注

[29v] 黄道十二宫中的三个火系星座分别代表了不同的三种热度，它们分别是白羊座、狮子座以及射手座。哪怕针对同一种材料，不同的热度也会产生不同的馏分。进入现代之后，人们利用分馏塔便能实现三种不同的馏分。在过去，通过热水蒸锅（Balneum Mariae）能够以低于 100 摄氏度的温度对材料加热。为了将热度降得更低，人们还常常将烧瓶置于正在腐烂、冒着热气的马粪中。

插图 18
月亮——红衣国王

1 就直观感受而言，用女王来搭配月亮似乎更为合适。

[30r] 4. 分为四个阶段的一系列操作

132 1. 溶解：这种物质溶解后变成了“贤者之汞”。汞释放出硫，这种物质随后又和汞紧紧地结合在一起。这一过程就是干与湿的“禁闭”，又被称为“腐烂”。这一阶段呈现出的颜色为黑色。

[30v] 插图 19：腐烂的太阳黑漆漆

画面上是一派阴冷的冬日景象，树木凋敝，一轮黑漆漆的太阳正在山后落下。

画框图案：蝴蝶、毛虫、蜗牛、群鸟、青蛙、蜻蜓。

含义：这象征着黄金在大地中以及自然界中遭到了遮蔽，有待炼金术士发掘。

插图 19
腐烂的太阳黑漆漆

134

[31r] 2. 凝结：在这一阶段，液体重新变成了固体。为了再次将硫从汞中分离出来，并且再次令其与汞结合，清除炼金材料里的水分，与之融为一体，就必须令材料的性质发生多次变化，并显现出多种不同的颜色。因此，炼金术会被比作儿童的游戏：他们在玩耍时总是会把一切都弄得一团糟。

[31v] 插图 20：儿童的游戏

这幅插图描绘的是一番室内景象。十个小孩正在骑木马或是在软垫上玩耍，其中七人赤身裸体，另外三人穿着衣服。两名成人在一旁看护着他们。背景中有一座大型中欧陶瓷火炉。

画框图案：群鸟、植物、毛虫、蝴蝶、蜻蜓、蜗牛、甲虫、草莓。

含义：炼金术就如同儿童的游戏。[1]

1 《哲人玫瑰园》一书认为，炼金活动就如同“妇女的活计和儿童的游戏”，插图 20 与插图 21 反映的显然就是这种观点。

插图 20
儿童的游戏

[32r] 3. 升华：正如床单在太阳下被晒干一样，在这一过程中，炼金材料也被脱去了水分。当材料中的水分减少时，它会以蒸气的形式逃逸出来，并在上方形成一个鸡蛋形状的云团。这就是“精华”（又被称作“酊剂”、“酶”、“灵魂”或是“油”）的灵性。“精华”距离“贤者之石”又近了一步。在升华过程中，在烧瓶底部会形成仍处于被烘烤状态、易于燃烧的灰烬。这是名副其实的“贤者之升华”过程。经过这一阶段，材料达到了完美的白色状态。在炼金过程中不仅需要烹煮与烘烤（就如同做饭一样），还需要清洗残留物，直到材料变成白色（就如同洗床单一样），因此有人会将这门技艺比作妇女的活计。

[32v] 插图 21：妇女的活计

这幅插图描绘的是一番乡间景象。妇女在小溪边洗衣服、晾床单，或是将其在草地上铺开。

画框图案：群鸟、花卉、蝴蝶、果实。

含义：炼金术就如同做饭和洗衣服等“妇女的活计”一般。

插图 21
妇女的活计

[33r] 4. 分离：先将水分与炼金材料分离开来，再将二者重新结合到一起。

插图 22：红色太阳

在这幅插图中，一轮太阳从乡间的地平线上升起，虽然显得有些疲惫，但仍然放出耀眼的光芒。背景中绘有一座城市。见插图 19。

画框图案：群鸟、花卉、蝴蝶、果实。

含义：黄金已被炼金术士成功地炼制出来，正高居于大地之上。

关于溶解、凝结、升华和分离的这四个段落概括了整个炼金过程，与此前和七大行星相关的一系列操作并无重复之处。紧随其后的则是若干篇论述具体技术问题的文章，这些文章并无配图。

[34r] 论如何调节火焰

太阳炎热且干燥，月亮寒冷且湿润。

[34v] 下面这段文字说明了不同加热温度的功效。

1. 温度保持适中，相当于白羊座结束时（即 4 月）的气温[1]，直到材料先变黑再变白；
2. 当材料开始呈现出白色之后，应该将温度上调至与金牛座结束时（即 5 月）的日照温度相当，直到材料彻底脱水；

1 这想必参照的是德意志地区的天气状况。

插图 22
红色太阳

3. 当“贤者之石”变得干燥且化为灰烬之后，应进一步加大火力，直到材料彻底变成红色。此时的温度应与狮子座时（即 7 月和 8 月）的日照温度相当。

[35v] 论“贤者之石”锻造过程中出现的各种颜色　140

第五篇短文

颜色是一种重要的信号。在炼金术的不同阶段，材料会呈现出不同的颜色。据说，它应该两度变成黑色，两度变成黄色，以及两度变成红色。第一种完美的颜色是黑色，它会经过非常温和的加热显现出来。到了“烹煮”阶段，材料会呈现出其他许多颜色。插图 15 中龙的三颗头颅，便分别被涂成了炼金过程中最主要的三种颜色。在这三种颜色出现的间隙，尤其是在白色出现之后，材料还会呈现出黄色或柠檬色。不过，这种颜色不会维持太长时间。相较之下，黑色、白色和红色有时能够维持超过四天时间。

烹煮这些混合物，直到其颜色变白，用醋为其降温，然后将黑色与白色的成分剥离开来（“分离”）。白色表明炼金材料的形态正在趋于固定。必须通过文火烘烤，去除黑色材料中的白色成分。随着温度升高，多余的部分会从材料上剥离开来，在“贤者之石”的雏形下方会留下一层粗糙的物质，就像是黑色的泥球。但它不再与纯净、美妙的“贤者之石”混合在一起。颜色变化的次数越多，火势就应该越旺，这样一来当炼金材料经白色物质凝固成形之后，它才不会“畏惧”火焰的炙烤。直到完整的色彩变化过程结束，才应该将白色的氧化镁提取出来。

最后两篇短文被用一张空白页与此前的内容分隔开来。这两篇文章的结构迥然不同，也未配插图。

[38v] 论整个“贤者之石”锻造过程的性质

第六篇短文

本文再次从头开始对整个炼金过程进行了总结。来自布里德林顿（Bridlington）的牧师乔治·里普利（George Ripley, 约 1415～1490）在《炼金术的十二道门》（*Twelve Gates of Alchemy*）一书中提出了一套共分为十二步的操作流程，这堪称最著名的炼金法之一。

第六篇短文列出了其中的许多（但并非全部）步骤，不过排列顺序有所不同：

141

1. 烘烤；
2. 将基本元素分离开来，以便提取“精华”；
3. 通过气化与重新凝结，将“精华”从基本元素这些“粪便”（即固态残余物质）中提取出来；[1]
4. 清洗黑色物质，去除难闻的气味；
5. 腐烂：材料已变得面目全非，原本被隐藏起来的内部状况暴露出来；
6. 碾碎：将材料碾成粉末；
7. 煎制：通过煮沸，将金属般的液体集中到一起；
8. 通过烘烤将湿润的成分从材料中排除出去；
9. 通过蒸馏净化材料；
10. 炼金过程的最后一步是凝结；
11. 默默地发挥“增殖”和“映射”等神奇作用。

1 从中可以炼制出“贤者之硫”，这种金属般的液体是一种“灵丹妙药”或日酊剂，可用来炼制“红色贤者之石”与“白色贤者之石”。

[41v] 第七篇短文

这篇文章主要摘录了其他炼金术著作的内容，并没有清晰的结构。被引用的权威人物包括大阿尔伯特、亚历山大、阿尔菲迪乌斯（Alphidius）、亚里士多德、阿尔托斯 [Artos，又名霍尔图拉努斯（Hortulanus）]、阿维森纳、巴尔塞乌斯（Baltheus）、哈立德（Calid 或 Khalid）、西利亚特（Ciliator）、君士坦丁、费拉里乌斯、盖伦、假贾比尔、哈立（Hali）、赫耳墨斯、希波克拉底、卢卡斯（Lucas）、梅纳尔杜斯（Menaldus）、米拉尔杜斯（Miraldus）、莫里埃努斯（Morienus）、奥维德、毕达哥拉斯、拉塞斯（Rhases）、罗西努斯（又名佐西莫斯）、扎迪特长老（即穆罕默德·伊本·乌迈勒·塔米尼）、苏格拉底，以及维吉尔。有意思的是，这些参考资料大多是阿拉伯文和希腊文作品，创作时间均早于 1400 年，而且此书中也并没有特别提及基督教的图片或文字。

此书作者提到了一种“狂暴的液体”，这是一种能够溶解一切物质的溶剂。拉皮杜斯称其为“贤者之火”（Sophic fire）。[42r] 紧随其后的是对“贤者之汞”、盐、碱性盐、白矾、硫酸盐、黑硫黄、铅、铅丹和氯化铵的评论。这些材料在前文中大多未出现过。

142

“贤者之石”的功效

[46r] 据说“贤者之石”具有四种功效。

1. 有利于健康。据说，若将这种“灵丹妙药”加入热饮中服用，便可以恢复健康。有人声称它能治疗瘫痪、水肿、麻风病、黄疸病、心悸、腹痛、发烧、癫痫、肠绞痛以及其他许多疾病和功能失调。

2. 将其他金属转变为黄金。这段文字表示，“贤者之石”能够将任何白银（而非其他贱金属）转变成黄金，在色泽、质地、重量、熔点和硬度方面都与黄金一模一样。

3. 点石成宝。关于“贤者之石”，炼金术作品中很少提及的一点在于，它能够将任何普通石头变成宝石，如碧玉、红锆石、红珊瑚、白珊瑚、绿宝石、贵橄榄石、蓝宝石、水晶、红宝石和黄宝石。

4. 使玻璃变得易于锻造和着色。

结语

《日之光芒》是一部令人惊叹的炼金术著作与艺术精品，不过需要细致的研究，才能揭开其奥秘。书中的象征符号似乎并非一以贯之（共有四组不同的系列），还存在一些刻意为之的费解之处（如第六篇短文）。插图中的大量细节，文字部分并未予以说明；许多文字内容也并未配插图。尽管如此，其配图仍可谓炼金术艺术中的精品。有一点需要牢记在心，那就是《日之光芒》作者的首要目的在于讲述如何利用自然界中的原始材料，并加快其“演化”进程，从而锻造出“贤者之石”。

这部作品未评论炼金术士应达到怎样的精神状态，也未收录任何带有基督教意味的图案，尽管这些元素在日后的许多炼金术作品中都很常见。与此类似，《日之光芒》的作者也并未尝试从心理学角度出发，对炼金过程的各种图案加以解读。要想尽可能充分地理解《日之光芒》，就不应从中寻找某些并不存在的含义，而应该尽情享受这份抄本中寓意丰富的插图以及源自 16 世纪的炼金智慧。

Translation of the Harley Manuscript

Joscelyn Godwin

TRANSLATOR'S NOTE: *The text of the Harleian manuscript is very different from the later, printed versions of the treatise, notably the Rorschach edition of 1598 which was the basis of my previously published translation (Edinburgh: Magnum Opus Hermetic Sourceworks, 1981). The two sources often use words that sound alike in German but have entirely different meanings. Sometimes their statements contradict each other, and there is no resemblance in their punctuation, which greatly affects the meaning. The present translation, therefore, should not be regarded as the definitive one, but, like the sources themselves, as one possible version of a lost original text.*

[f.1r] The present book is called *Splendor solis*, or the Sun's Radiance. It is divided into seven treatises through which is described the artful operation of the hidden [f.1v] Stone of the ancient sages; whereby everything that nature clearly provides for accomplishing the whole work will be understood, together with all the means for the thing in hand; for no one is able through his own understanding to possess the secret of the Noble Art.

“哈利”抄本译稿

乔斯林·戈德温

本文译者注：“哈利”抄本的文字与此后的各个印刷版，尤其是我前一部译作（*Edinburgh: Magnum Opus Hermetic Sourceworks*, 1981）的蓝本，即1598年的罗尔沙赫版，有着很大的区别。“哈利”抄本与罗尔沙赫版的许多用词德语发音相似，意思却截然不同。有时候这两个版本中的语句会相互矛盾，标点符号的用法也大相径庭，这对语意也产生了很大影响。因此，不应将当前这份译本当作标准版本。这一译本与其参考的原始文献一样，都可能是《日之光芒》原始文本的一个版本。 *145*

[1r] 这本书名叫《日之光芒》，由七篇短文组成，描绘了古代贤人锻造神秘的“贤者之石”的精湛技艺，[1v] 读者将由此了解大自然为完成这一全套过程都准备了哪些材料，我们手头又掌握了哪些工具。因为任何人单凭自己的理解，都无法掌握这门“伟大技艺”的奥秘。

PREFACE

[f.2v] First, there follows the preface of this book.

Alphidius, one of the ancient sages, says: “If someone is unable to accomplish something in the art of the Philosophers' Stone, it were better for him not to throw himself into it at all than to attempt it partially.” Rhases gives the same advice in the book *Lumen luminum*, and it should be carefully heeded: “I hereby exhort you most strongly that no one should dare to attempt the ignorant mingling of the elements.” Rosinus agrees with this, saying: “All who venture upon this art, lacking intelligence and discernment of the things that the Philosophers have written in their books, will err beyond measure. For the Philosophers have grounded this art in a natural beginning, but a concealed operation.”

It is evident, however, that all corporeal things [f.3r] derive their origin, condition, and being from the earth, according to the laws of time, so that the influence of the stars or planets (the sun, moon and the others) together with the four qualities of the elements, which are in ceaseless agitation, are active in them. By this means each and every growing and fruitful thing is brought forth with the species and form appropriate to its own substance, just as it was constituted and ordained by God the Creator at the beginning.

All metals, accordingly, also derive their origin from the earth, having flowed together into a separate and specific material from the four qualities of the four Elements, with the implantation of the metallic forces, the entire influence of the planets serving the process. Aristotle, the Natural Master, describes it as such in the fourth book of his *Meteors*, where

前言

[2v] 首先，下文即本书的前言。

阿尔菲迪乌斯这位古代贤人曾说：“如果某人在锻造‘贤者之石’方面无法有所成就，那么与其三心二意地去尝试，还不如压根不要投身于这门技艺之中。”拉塞斯在《光中之光》（*Lumen luminum*，英文译为 *Light of Lights*）一书中也给出了相同的建议。他表示，从事这门技艺时务必备加谨慎：“我在此要竭力劝导，无知者绝不应该冒险尝试将各种元素混合到一起。”罗西努斯也认同这一点，他说：“所有敢于尝试这门技艺的人，假如缺少智慧，无法领会哲人在其书中表达的意图，就会犯下无法估量的错误。因为哲人们一方面指出，这门技艺的源头在于自然界，另一方面又对操作流程秘而不宣。”

146

不过显而易见的是，一切有形事物 [3r] 的起源、状态以及存在本身都来自土地，并服从时间的法则，因此星辰或（太阳、月亮以及其他）行星施加的影响，外加各类元素不断变化的四种性质，在这些事物中都会表现出来。通过这种方式，任何一种会增长并结出果实的事物都会被赋予与其实质相匹配的类别与形式，就如同上帝在一开始创造出它们时所规定的那样。

相应地，一切金属的源头同样在于土地。它们汇聚到一起，形成了一种单独、特别的物质，有别于四大基本元素的四种性质。它们被注入了金属力，这纯粹是行星施加影响的结果。研究自然界的大师亚里士多德在《气象学》一书的第四卷中就给出了这样的表述，以此来说明汞和所

he tells how quicksilver is a matter common to all metals. But it should be known that the first thing in nature is the matter assembled from the four Elements, through nature's own knowledge and property. [3v] The Philosophers call this matter Mercury or Quicksilver. But how this mercury, through the operation of nature, achieves a perfected form of gold, silver or other metals is not told here. The natural teachers describe it adequately in their books. On this the whole art of the Stone of the Wise is based and grounded, for it has its inception in nature, and from it follows a natural conclusion in the proper form, through proper natural means.

[f.4v] Here follows the origin of the Stone of the ancient sages, and how it becomes perfected through art.

有金属具有类似的性质。不过需要注意的是，在自然界中居于第一位的，是按照大自然本身的规律与属性，由四种基本元素结合所形成的物质，[3v] 贤者将这种物质称为汞，不过，该物质是如何通过大自然的作用，达到黄金、白银或是其他金属那样的完美形式，在此不予赘述。研究大自然的导师们在著作中对此做出了恰如其分的描述。锻造“贤者之石”这门技艺的根基也正在于此，因为这门技艺的起点便始于自然界，并且通过合乎自然的适当手段，会得到具有适当形式、合乎自然的成果。

[4v] 接下来，古代贤人将谈论“贤者之石”的源头何在，以及如何通过伟大技艺令其达到完美状态。

THE FIRST TREATISE

This Stone of the Wise is achieved through the way of greening nature. Hali the Philosopher speaks of it, saying that this Stone arises in growing and greening things. When the greening is reduced to its natural state, thereby a thing ripens, comes forth, and becomes green at the preordained time. For this one must cook and putrefy it after the manner and secrets of the art, so that by art one affords assistance to nature. It then cooks and putrefies by itself until time gives it [f.5r] its proper form. Art is nothing but a handmaid and preparer of the natures of the matter that nature fits for such a work, together with the suitable vessels and measuring of the operation, with judicious intelligence. For as the art does not presume to create gold and silver from nothing, so it cannot give things their first beginning. Thus one also need not seek through art the natural places and caverns of the minerals, since they have their first beginning in the earth. Art has a different method and interpretation from nature's, hence it also has a different instrument. Thus this art possesses a wondrous thing, its beginnings rooted in nature, to which nature cannot give birth by itself; for nature by itself cannot produce the thing through which the metals, imperfectly made by nature, can be made rapidly and perfectly. But through the secrets of the art they can be born from the proper matter through nature. [f.5v] Nature serves art, and then again art serves nature, with a timely instrument and a certain operation. It knows what kind of formation is agreeable to nature, and how much of it should be done by art, so that through art this Stone may attain its form. Still, the form is from nature, for the actual form of each and every thing that grows, animate or metallic,

第一篇短文

经过对自然材料的绿化，这种“贤者之石”被锻造出来。贤人哈立在提及它时曾表示，这种“贤者之石”产生自会生长以及变绿的物质。当某物变绿的速度降至自然状态，它就会逐渐成熟、成形，并且在预先规定好的时刻变成绿色。必须遵照这门技艺的方式与诀窍将其烹煮，令其腐烂，这样一来才能起到协助大自然的作用。该物质随后便会自行烹煮与腐烂，直到被时间赋予 [5r] 合适的形态。这门技艺无非就是要充当大自然的女仆以及助手，利用合适的器皿，通过恰当的操作，动用聪明的头脑，令大自然产生理想的结果。这门技艺并不能无中生有地创造出黄金和白银，因此它也无法决定物质的初始状态。人们也不应指望通过这门技艺找到矿物的藏身之所，因为这些东西最开始都蕴藏于土地里。这门技艺的操作方式与解读手法都不同于大自然，因此它使用的工具也会有所不同。由此可见，这门技艺有其奇妙之处，其起点源自自然界，但大自然本身又无法创造出这样一种物质；通过这种物质，不完美的金属能够迅速变得完美。然而通过这门奥妙的技艺，利用适当的材料，再经由大自然的作用，便可以创造出这种物质。[5v] 大自然为这门技艺服务，这门技艺也凭借合适的工具以及特定的操作，为大自然服务。这门技艺知道，怎样的形态能被大自然接受，自己在这一过程中又该出多少力，从而使“贤者之石”能够被锻造成形。不过，“贤者之石”的形态依旧源于自然，因为任何会生长的东西，无论是有生命的物质还是金属，其实际形态都源自其

147

arises out of the inner power of the matter. The human soul alone does not.

It should, however, be noted that the essential form may not arise in matter, but comes to pass through the operation of an accidental form: not through the latter's power, but by the power of another effective substance such as fire, or some other warmth acting upon it. Hence we use the allegory of a hen's egg, wherein the essential form of the chick arises from the accidental form, which is a mixture of the red and the white, by the power of warmth which works on the egg from the brood-hen. And although the egg's matter is from the hen, nevertheless no form arises therein, either essential or accidental, except through putrefaction, which happens with the aid of warmth. [f.6r] Thus also in the natural matter of the aforementioned Stone, neither the accidental nor the essential form arises without putrefaction or cooking. What manner of putrefaction this is follows next.

Decay or putrefaction may occur in something through external heat: thus the natural heat or warmth of a moist thing is drawn out. Putrefaction likewise takes place through excessive cooling, so that the natural heat is destroyed by excessive cold. This is actually a mortification, for such a thing loses its natural warmth, and such putrefaction finally takes place in moist things. The Philosophers do not speak of this putrefaction, but their putrefaction is a moistening or soaking whereby dry things attain their former state from which they are able to become green and grow. In putrefaction the moisture is united with the dryness and not destroyed, so that the moist holds the dry [f.6v] part together; and this is actually a trituration. But in order that the moist should be utterly divided from the dry, the dry part must be separated and turned to ashes.

内在动力。只有人类的灵魂才是例外。

不过需要指出的是，物质或许并不会呈现出其根本形态，而是经由某种操作，呈现出某种偶然的形态。在这一过程中，动力并非来自该物质本身，而是来自另外某种能够发挥作用的实体，如火焰或是其他热源。因此我们会将这一过程比作母鸡下蛋。“鸡”这一根本形态源自“蛋”这一红白相间的偶然形态，其动力则来自母鸡孵蛋时赋予蛋的热度。此外，尽管蛋这一物质源自母鸡，但若不是通过加热所导致的腐烂作用，蛋并不会催生任何形态——无论是根本形态，还是偶然形态。[6r] 因此，若不通过烹煮或是腐烂作用，前面提到的“贤者之石”这一自然物质也无法孕育出任何根本形态或是偶然形态。接下来我们要讨论，应该令哪些物质进入腐烂状态。

通过外部加热，可以令某种物质进入腐烂状态。此时某种湿润成分的天然热度或温度就会被破坏。过度烹煮同样可以促使物质腐烂，此时该物质的天然热度又会因温度过低而遭到破坏。这实际上是一种“禁闭”的过程，因为该物质丧失了自己的天然温度。腐烂的过程最终会在湿润的物质内部发生。古代贤人并未谈论这种腐烂作用。他们提到的腐烂现象是通过增加湿度或浸泡等方式实现的。干燥的物质由此会恢复到先前的状态，重新具备生长和变绿的能力。在腐烂的过程中，湿润的成分不会被破坏，而是会与干燥的成分结合起来。于是湿润与干燥的成分便会[6v] 合为一体，这实际上相当于碾碎的过程。不过，要想将干燥与湿润的成分彻底分离开来，就必须将干燥的部分化为灰烬。

The Philosophers do not desire this incineration either. They want their putrefaction, their soaking, trituration and calcination to occur in such a way that the natural moisture and dryness are united with one another, freed from superfluous moisture. The destructive portion is extracted, just as the food which enters an animal's stomach is cooked and destroyed, and out of it are extracted the nutritive force and moisture whereby its nature is sustained and increased, and the superfluous part discarded. Even so, every entity desires to be nourished in accordance with its own nature. The same should be observed in the aforesaid Philosophers' Stone.

[f.7v] Now follows information concerning the matter and nature of the blessed Stone of the Philosophers.

但贤人们同样不希望使用焚烧的方式。他们希望通过腐烂、浸泡、碾碎和煅烧等工序，天然的湿润与干燥成分能够结合起来，并且免受过多水分的干扰。具有破坏力的部分已被清除，正如食物被动物吞进腹中之后会遭到消化和破坏，其中的营养力和水分会被提取出来，其自然属性由此得到了维系和增进，多余的部分则遭到了废弃。尽管如此，任何实体都渴望能够按照符合其自然属性的方式得到滋养。就前文提到的“贤者之石”而言，这一结论同样适用。

[7v] 接下来我们将讨论神圣的“贤者之石”的材料与自然属性。

THE SECOND TREATISE

Morienus says: "You should know that the whole work of this art ends with two operations. They depend on one another, so that when one is accomplished the second can be begun, and when that is finished, the whole mastery is achieved. But they act only upon their own matter." To understand this properly one should know first that, as Geber says in his *Summa* concerning the creation of metals, nature makes the metals out of mercury and sulphur. Ferrarius says the same in the question on alchemy, in the 25th chapter: that nature proceeds thus from the beginning of the natural metals. She puts in the fire a slimy, heavy water, and mixes with it a very white, volatile, light earth. This resolves it into a steam or vapour, and arouses it in the veins or clefts of the earth. She cooks or steams the moisture and dryness together, until a substance comes therefrom which is called Quicksilver. Now this is the property and the very first matter of the metals, as we said above. Ferrarius speaks of it again in the 26th chapter, where he says that whoever desires to follow nature should not take quicksilver alone, but quicksilver and sulphur mingled together. Do not combine the common quicksilver and sulphur, but those which nature has combined, well prepared, and decocted to a sweet fluid. In such a quicksilver, nature has begun with the first operation, and ended in a metallic nature. At that point she has ceased, having finished her work, and thus left it for art to consummate in a perfect Philosophers' Stone.

In [f.8v] these words is made known to one who would proceed aright in this art what all the Philosophers say: that he should begin where nature has left off, and take the sulphur and

第二篇短文

莫里埃努斯曾说："你应该知道，这门技艺会以两道工序收尾。这两道工序相辅相成，因此当前者结束时，后者就可以开始了。当后者结束时，这门精湛的技艺也就大功告成了。不过它们只会针对各自的材料发挥作用。"要想充分理解这段话的意思，首先就必须明白，正如贾比尔在《完美魔法的高度》一书中谈及金属从何而来时所言，大自然利用汞和硫创造了金属。在谈论炼金术问题的著作的第二十五章，费拉里乌斯说过相同的内容：从金属产生伊始，大自然就在进行这番操作。她将某种黏稠、沉重的液体投入火中，将其与某种洁白、易挥发、轻盈的固体混合起来，它就此化作一缕蒸气，漂浮到了大地的矿脉或是裂缝之中。她将湿润与干燥的成分一同烹煮或是蒸煮，直到形成某种名叫汞的物质。如前所述，这就是炼制金属的首要材料。费拉里乌斯在第二十六章再次提到了这种物质，他表示，任何人若想效法自然，就不应只使用汞这一种材料，而应该将汞和硫混合起来。不过不应该将普通汞与普通硫融合到一起，而应该使用大自然将这二者结合在一起之后生成的物质。大自然早就准备好了这种材料，将其煎制成了一种甘甜的液体。大自然利用这种汞开始了第一步操作，并最终创造出一种金属物质。这时她便完成了自己的工作。接下来就该由"伟大技艺"利用这种材料来锻造完美的"贤者之石"。 148

[8v] 通过上述言论，有志于正确掌握这门技艺的人士会了解到，在贤人们看来，他应当将自然进程的终点当作

quicksilver which nature has united in their purest form. For in them has taken place the very rapid union which otherwise no one could achieve through art. All this nature has done for the procreation of the metallic form.

Now this same matter which is thus informed by nature serves the art well for receiving the forces which lie within such volatile matter. Therefore some alchemists calcinate the gold in order to bring it to dissolution, and separate the elements until they reduce it to a similarly volatile spirit or subtle nature, and a fatty vapour of the nature of quicksilver and sulphur. Then it is the very next thing, most closely to be compared with gold, to receive the form of the hidden Philosophers' Stone. This matter is called Philosophers' Mercury. Of it Aristotle says in his speech to King Alexander: "Choose for our Stone that with which [f.9r] kings are adorned and crowned." For this Mercury is the one and only matter, and a thing unique. When mixed with other things, it is so manifold in its operations and in its names that none can search it out. And that, as Rosinus says, is in order that not everyone may obtain it. It is simultaneously a work, an operation and a vessel that multiplies everything; hence the comparison to all things that are to be found in nature.

For thus the Philosophers say: "Dissolve the thing. Then sublimate it, distil and coagulate it; make it rise and fall; soak it and dry it out. The manipulations which they name are without number, yet they must all be completed together, at one time and in a single vessel." This Alphidius confirms, saying: "You should know that when we dissolve we also sublime and calcinate without any interruption. We purify and make ready our work."

And he goes on to say: "When our Corpus is cast into the water to be dissolved, it first becomes black and falls apart, and

自己的起点，并且将大自然结合在一起的最为纯净的汞与硫当作材料，因为在这种材料中，硫与汞结合的速度之快，是通过这门技艺无从达到的。大自然所做的这一切，已经为金属形态的形成做好了准备。

现在，对于这门技艺而言，大自然打造的这款材料能够有效地吸收易挥发物质内部的能量。因此有些炼金术士会煅烧黄金，以便令其熔化，并将各种元素分离开来，直到它也化作一种易挥发的灵性或细微的物质，像硫与汞那样冒出浓厚的蒸气。接下来就要将这种与黄金非常相似的物质，转变为隐秘的“贤者之石”的形态。这种材料被称作“贤者之汞”。关于这种物质，亚里士多德曾对马其顿国王亚历山大表示：“[9r] 将国王的装饰物和冠冕选作锻造‘贤者之石’的材料。”因为这是一种独一无二的材料。若将它与其他物质混合起来，它就能转变成多种材料，发挥诸多功效，以致没有人能再将它分辨出来。此外，正如罗西努斯所言，之所以会这样，正是为了避免人人都能掌握这种材料。它既是某种操作的结果，又是一种器材，能够令一切物质增殖。因此有人将它比作在自然界中能够发现的万事万物。

因此贤人们表示：“先将东西溶解，然后令其升华、蒸馏、凝结，令其升起又落下，将其浸湿，然后烘干。此类操作不计其数，但都务必同时、在同一个器皿中完成。”阿尔菲迪乌斯也认可这一观点，他说：“你应该知道，将材料溶解时，还应令其升华，并对其进行煅烧，中间没有任何间隔。我们令材料变得纯净，并为接下来的工序做好准备。”

turns to a chalk. It dissolves itself and sublimes itself. When it is sublimed and dissolved, it is united with the spirit, which is its beginning and [f.9v] birth." It is worthy to be compared to everything in the world: to all things visible or invisible; having soul, or none; corporeal and animate; dead and alive; mineral and vegetable; to the elements and their compounds; hot and cold things; all colours, all fruits, all birds; in sum, to everything that can exist in earth and heaven. Among all these, there belong to this art the two operations mentioned above. The Philosophers signify them by the two words woman and man, or milk and cream. He who does not understand these knows nothing yet of the decoction of this art. And now enough has been said for a start on the first manipulation of this art.

[f.10v] Now follows that whereby the whole work of this art or mastery ends; and it is shown with certain parables, figures, discourses, and many sayings of the Philosophers.

他继续说道："当我们将材料投入液体中令其溶解，它首先会变黑并分崩离析，然后变成白色的粉末。材料随后会溶解并升华。溶解与升华后，它便会与灵性结合起来。它起初正是由这种灵性孕育出来的。"[9v] 的确可以将它比作世间的万事万物：无论是可以看见的，还是看不见的；是有灵魂的，还是没有灵魂的；是有形体的，还是有生命的；是活的，还是死的；是矿物，还是植物；是各种元素，还是其化合物；是寒冷的，还是炎热的；一切色彩，一切果实，一切鸟类……总之就是在天上和地下存在的一切东西。在这些事物中，前文提到的两种材料属于这门技艺的范畴。贤人们用"男人"与"女人"，或是"乳汁"与"奶油"等词来指代它们。倘若不理解这一点，那么对这门技艺的煎制方法就可谓仍一无所知。到此为止，关于这门技艺最开始的第一项操作工序，我们说得已经够多了。

148

[10v] 接下来我们将通过寓言、图案、文章以及贤人的言论，说明应如何完成这门精湛的技艺。

[f.11r] THE THIRD TREATISE

The first parable

Hermes, a Father of the Philosophers, says: "It is necessary that at the end of this world heaven and earth should come together," meaning by heaven and earth the two manipulations mentioned above. But many accidents occur in the work before they are brought to completion. This may be understood through the parables and figures, as follows. Here is the first parable.

God first created the earth plain, flat, fat and very fruitful of gravel, sand, stone, hill and valley. Through the influence of the planets and the operation of nature the earth has now been transformed into manifold shapes: outwardly into hard rocks, high hills and deep valleys; inwardly into rare things and colours, such as [f.11v] the ores and their origins. With such things the earth has changed utterly from its first form, and this has been brought about in the following way. At first, when the earth was heaped up so big, deep, long, wide and broad, the steady action of the sun's heat caused therein a sulphurous, vaporous and steamy warmth that penetrated and permeated the whole earth right to the depths. Then the absorbed heat of the sun caused to arise from the coldness and humidity of the earth a strong vapour or smoke, misty and airy. All these were enclosed in the earth. In the course of time they became too much for it, until at length they were so strong that the earth could not and would not contain them any longer. Then it desired naturally to deliver itself of them. Finally, in the regions of the earth where they were most concentrated, they heaved up one part of its surface here, another there, and many a hill and deep valley was [f.12r] made.

In the regions where such hills and mountains were made,

[11r] 第三篇短文

第一则寓言

“贤人之父”赫耳墨斯曾说：“在世界的尽头，天与地应当融为一体。”所谓“天与地”指的正是前文提到的那两种材料。不过在完成这一操作之前，还会发生许多意外。可以通过下文中的寓言与图案来理解这一点。第一则寓言如下。

上帝先是创造了平坦、肥沃的土地，上面满是砾石、沙子、石头、山峰与峡谷。经过行星的影响以及大自然的作用，地表开始呈现出许多种形态，诸如坚硬的岩石、高耸的山峰与深邃的峡谷。其内部则形成了稀有的物质，呈现出罕见的颜色，诸如 [11v] 矿砂及其源头。这样一来，土地的初始形态就发生了剧烈改变。这种变化是通过以下途径发生的。首先，土地被堆积得如此巨大、深邃、漫长和宽广，太阳持续不断的加热便在其内部催生出一股硫黄般的温暖蒸气。它穿透了土地，一直弥漫到了非常深的地下。接着，在吸收了太阳的热度之后，寒冷、湿润的土地便喷射出一股强劲的蒸气或烟雾，既像雾，又像风。所有这些都发生在土地内部。渐渐地，这些蒸气或烟雾越积越多，并变得愈发强劲，土地再也无力容纳，于是自然而然地就希望将其释放出来。最终，在蒸气或烟雾最为集中的地区，它们从地表喷涌而出，许多山峰与峡谷 [12r] 就此形成。

在此类山峰密集的地区，土地的状况也最佳，其冷热干湿程度都已经过调和，达到了最适宜的状态。最优质的

the earth is at its very best, with its heat, cold, moisture and dryness cooked, seethed and intermingled; and there, too, the best ore is found. But where the earth is flat, none of those vapours and smoke have arisen. Therefore ore is not found there, and the soil dug up is extraordinarily slimy, loamy and fat. It has drunk in the moisture from above, whereby it has then been softened again, and has set fast like dough. Through drying by the sun's heat and through length of time it becomes more and more set, hardened and baked. But in the region where it is friable and inert like fine gravel or sand, is still soft and sticks together like grapes, this earth is too meagre in fatty substance and too dry, and has too little moisture. Hence it is not sufficiently baked [f.12v] but is lumpy like unmilled meal, or like a mealy dough which is too little watered. For no soil can become stone unless it be a rich slimy earth, well filled with moisture.

When the sun's heat dries out the water, the moisture is retained in the earth. Otherwise it would remain inert and friable and fall apart again. That which is not altogether hardened may still do so even today, through the steady working of nature and the sun's heat, and so become firm stone.

The aforementioned smoke and mist, which were first yielded by the qualities of the elements enclosed in the depths of the earth, are cooked by nature and the influence of the sun and other planets. And as they seize upon the watery vapour with a pure, subtle, soily substance, then the Philosophers' Quicksilver is formed. But if it hardens and reaches a fiery, earthy, [f.13r] subtle hardness, the Philosophers' Sulphur is formed. Hermes aptly says of this sulphur: it will receive the powers of the highest and lowest planets, and with its power it pierces solid things; it overpowers all things, even all precious stones.

矿砂同样埋藏在这些地区。在地势平坦的地方则不曾有蒸气或烟雾喷出，因此在这些地方无法发现矿砂，土壤也格外黏稠和肥沃。它吸收了来自上方的水汽，因而重新被软化，变得如同生面团一般。经过太阳长时间的灼晒，它会变得越来越硬，就如同被烘烤过一般。不过在土质易碎、缺少活力、遍布沙砾的地方，土壤依然会很软，并且像葡萄一样紧紧黏在一起。这些土地过于贫瘠和干燥，含有的富饶物质和水分都太少。因此它们无法经过充分烘烤，[12v] 而显得像未经加工的食物一样粗糙，或是像水分过少的生面团一样干巴。只有肥沃、黏稠、饱含水分的土壤才能变成石头。

150

当太阳将地表的水分晒干之后，土地内部的水分依然会被保留下来，否则它就会一直处于易碎和缺少活力的状态，并再度分崩离析。直到今天，那些并未彻底变硬的土壤，经过大自然的持续作用以及太阳的不断加热，仍然有可能变硬，进而成为坚固的石头。

前文提及的那种烟雾，最初源自土地深处蕴藏着的各种元素。大自然会对其发生作用，太阳以及行星也会对它产生影响。这种烟雾一旦遇到某种纯净、精细的泥土状物质的蒸气，就会形成“贤者之汞”。倘若它变得坚硬，并遇上某种暴躁、精细、坚硬的泥土状物质，就会形成“贤者之硫”。关于这种硫，赫耳墨斯曾恰如其分地表示，它能够从最近以及最远的行星那里吸收力量，并且能够穿透坚固的物体。它的力量胜过一切物质，甚至超过所有宝石。

[f.14r] The second parable

Hermes, the first master of this art, speaks thus: "The water of the air which is between heaven and earth is the life of everything, for through its moisture and warmth it is the mean between the two contraries, fire and water." And the same water has rained down upon the earth. Heaven has opened and bedewed the earth, whereby it is made sweet as honey and moistened. Therefore it blooms and brings forth sundry colours and fruits, and in its midst there has grown up a great tree with a silver trunk, which spreads over that part of the earth. On its branches divers birds were perching, which all flew away toward daybreak; and the raven's head was turned to white. The same tree brings forth threefold fruits: the first are the [f.14v] very finest pearls; the second are called by the Philosophers terra foliata; the third is the very finest gold. This tree also gives forth healing fruit: it warms what is cold, and cools what is hot; it makes the dry moist, and the moist dry. The hard it makes soft, and the soft hard, and is the end of the whole art. Of it the author of the Liber trium verborum says: "The three fruits are three precious words of the whole mastery."

This is also Galen's opinion, for he says of the herb *lunatica* or *berissa*: "Its root is a metallic earth; it has a red stem, flecked with black, grows easily and fades easily. It also acquires citrine blossoms. If one puts it for three days into mercury, it changes into perfect silver; and if one boils it further, it turns into gold. This same gold turns a hundred parts of mercury into the very finest gold." Virgil tells us of this tree in the sixth book of the Aeneid, where he relates in his tale how Aeneas and Silvius went to a tree which had golden boughs, and as often as one broke a branch off, another grew in the same place.

[14r] 第二则寓言

首位熟谙这门技艺的大师赫耳墨斯曾说："空气中的水分介于天与地之间，万事万物的生命都有赖于此。因为其温度与湿度都介于火与水这两极之间。"这种水还会化作雨，落到大地上。天打开了一道口子，打湿了土地，令其变得像蜂蜜一样甘甜，并且充满了水分。大地因此变得生机盎然，并且催生出缤纷的色彩以及丰富的果实。除此之外还长出了一棵有着银质树干的大树，覆盖住了这一整片土地。各种鸟类栖息在大树的枝头，在破晓时分它们都会飞向别处，乌鸦的脑袋则变成了白色。这棵树会结出三种果实。首先是 [14v] 最为精美的珍珠，其次是贤人们口中的"叶状土"（terra foliata），最后是最为纯净的黄金。这棵树还会结出具有治疗功效的果实。它能使寒冷的东西变得温暖，令炎热的东西变得凉爽；令干燥的东西变得湿润，令潮湿的东西变得干爽；令柔软的东西变得坚硬，令坚硬的东西变得柔软。这种果实正是这门技艺的最终成果。关于这一点，《三字书》（*Liber trium verborum*，英文译为 *The Book of the Three Words*）的作者说："对于这门伟大技艺而言，这三种果实都可谓弥足珍贵。"

盖伦也持有这种观点。关于"卢纳蒂卡"或"贝里萨"这种药草，他曾说："它的根是某种金属，茎是红色的，带有黑色斑点，生长与凋谢都很迅速。它还会开出柠檬色的花。如果把它在汞里浸泡上三天，它就会变成完美的白银。如果再将其煮沸，它就会变成黄金。这样的一份黄金又能将一百份汞变成最纯净的黄金。"维吉尔在《埃涅阿斯记》的第六卷中也提到了这种树。他声称埃涅阿斯

[f.15v] The third parable

Avicenna says in the chapter on moistures: "When the heat operates in a moist body, a blackness should first result." For this reason the ancient sages beheld a distant mist emerge, which covered and darkened the whole earth. They saw, too, the restlessness of the sea, and flooding over the face of the earth which become foul and stinking in the darkness. They also saw the King of Earth sink, and heard him call with beseeching voice: "Whoever rescues me will live with me forever and reign in my splendour on my royal throne!" And night enshrouded all things. The next day they seemed to see a morning star arise above the King, and the light of day [f.16r] illuminate the darkness. The bright sun broke through the clouds in manifold colours with its rays and lustre, and a fragrant scent surpassing all balm arose from the earth, while the sun shone brightly. Then the time was fulfilled when the King of all the earth was rescued and renewed. He was richly adorned and altogether comely; the sun and moon marvelled at his beauty. He was crowned with three precious crowns: one of iron, the second of silver, the third of bright gold. In his right hand they beheld a sceptre with seven stars which all gave off a golden radiance. In his left hand was a golden orb whereon perched a white dove with silver-coloured feathers and wings of golden hue. Of it Aristotle spoke well, saying: "The corruption of anything is the generation of something else." This has been said much in this masterly art: "Deprive it of the destructive moisture and renew it with its essential moisture, which will be its perfection and life."

和西尔维乌斯发现了一种长着黄金树枝的树。若折掉一根树枝，在原处又会长出一根新枝。

[15v] 第三则寓言

阿维森纳在谈论湿度问题的章节中写道："当对湿润的物体加热时，它首先会变成黑色。"因此古代贤人注意到，大雾会在远方升起，笼罩住整个大地，令天色黯淡下来。他们还看到，汹涌的海浪会冲上地面，将其笼罩在黑暗之中，并散发出难闻的气味。他们还看到大地国王沉入了水底，听到他在苦苦哀求："谁救了我的命，就能永远伴随我左右，并登上我那荣耀的王座！"随后夜色便遮蔽了一切。第二天他们似乎看见在国王头顶升起了一颗晨星，日光 [16r] 驱散了黑暗。明亮的太阳穿透了云层，放出多彩的光芒。大地上散发出一股比任何香脂都更加芬芳的香味，太阳则放出耀眼的光芒。此时大地国王已经获救并重焕青春。他身着华服，英姿勃发，令太阳和月亮都惊叹不已。他头戴三尊珍贵的冠冕：第一尊是铁王冠，第二尊是银王冠，第三尊则是耀眼的金王冠。贤人们还看到，他右手持一把权杖，上面绘有七颗发出金色光芒的星星。他左手则握着一个金球，上面站着一只有着银色羽毛与金色翅膀的白鸽。关于这幅景象，亚里士多德说："某物的腐烂，总是意味着其他东西重获新生。"就这门技艺而言，这一点已经是老生常谈："去除具有破坏性的水分，用适度的水分令其重焕生机，它就将达到完美的状态。"

151

[f.17r] The fourth parable

Menaldus the Philosopher speaks thus: "I enjoin all my followers to make the bodies spiritual through dissolution, and again to make the spiritual things corporeal, by gentle cooking." Senior also speaks thereof: "The spirit dissolves the body, and in this dissolution it draws out the soul from the body, and changes the body into the soul. And the soul is transformed into the spirit, and the spirit must again be united with the body. Thus it is fixed with the body, and the body spiritualized anew in the power of the spirit." This the Philosophers give one to understand in the parable that follows. They saw a man, black as a Moor, who was stuck in clay or filthy, black, foul-smelling slime. There came to his aid a [f.17v] young woman, fair of face and fairer still of body, most prettily apparelled with clothes of many colours and adorned with white wings upon her back. The feathers were like the most glorious white peacock's, with golden eyes and quills ornamented with fine pearls. On her head she had a crown of pure gold, and on the crown a silver star. Around her neck she had a necklace of fine gold, with a most magnificent ruby set therein, which no king could purchase. She had on her feet golden shoes, and from her came the most sublime fragrance, surpassing all aromas. She clothed the man with a purple garment, raised him to his highest glory, and led him with her to heaven. Of this Senior says: "It is a living thing that dies no more, for it is endowed with everlasting increase."

[f.18v] The fifth parable

The Philosophers attribute two bodies to this art, namely sun and moon, which are earth and water. They are also called man and woman, and they bring forth four children: two boys

[17r] 第四则寓言

贤人梅纳尔杜斯曾说："我要求我的追随者通过将物质溶解，赋予其灵性，并通过仔细烹煮，赋予精神实实在在的形态。"扎迪特长老也说过："灵性会让物质溶解。在这一过程中，物质的灵魂会被抽出，该物质会变成其灵魂本身，灵魂又会变成灵性。必须再次将灵性与物质结合起来。这样它才能固定在物质中，物质也将重新获得灵性的力量。"为了便于读者理解这些道理，贤人们讲述了下面这则寓言。他们曾看到一名皮肤如同摩尔人一样黝黑的男子，他深陷于肮脏、漆黑、难闻的沼泽之中。[17v] 一位面容姣好、身材婀娜、衣着华美、背上长着洁白翅膀的年轻女子向他伸出了援手。她翅膀上的羽毛，就如同最圣洁、长着金色眼睛与翅膀、佩戴着精美珍珠的白孔雀的翎毛一般。她头戴纯金冠冕，冠冕上镶嵌着一颗银星。她脖子上戴着纯金项链，项链上镶嵌着一颗光彩夺目的红宝石，其价值之高昂，任何国王都无力购买。她脚上穿着一双金鞋，周身散发出最为芬芳的香气。她为这名男子递上了一件紫色衣服，将他高高举起，让他和自己一道返回天国。关于这幅景象，扎迪特长老说："只有活着的东西才不会死去，因为它具有不断增长的能力。"

[18v] 第五则寓言

贤人们认为，这门技艺应该将两种物质作为材料，即太阳与月亮，也就是土与水。这两种物质又被称作男人与女人，一共生了四个孩子，两个是男孩，一个炎热，一个寒冷；另外两个是女孩，一个湿润，一个干燥。这也就是

151

who are hot and cold, and two girls who are moist and dry. These are the four Elements. And they make the fifth essence: the white Magnesia, which is no falsity. Senior concludes the same, saying: "When these five are assembled, they will become a single thing, out of which the Natural Stone is made." Avicenna says: "If we can attain the fifth, then the end is come."

To help us understand this, the Philosophers describe an egg in which four things are conjoined. The first and [f.19r] outermost one is the shell (the earth) and the white is water. But the skin between the water and the shell is air, and it divides the earth from the water. The yolk is fire; it has around it a subtle membrane which is the most subtle air. It is warmer and subtler because it is nearer the fire, and separates fire and water. In the middle of the yolk is the fifth, out of which the young chick comes forth and grows. Thus an egg contains all the forces together with the material out of which the perfect nature is created, and that will also be so in this noble art.

[20r] The sixth parable

Rosinus has shown a vision he had of a man who was dead; and the most remarkable thing was that his body was completely white like salt. His body was cut in pieces, and his head was of fine gold but sundered from the body. By him stood a monstrous man, ghastly of aspect and black, a twoedged sword in his right hand, stained with blood. In his left hand he held a paper on which was written: "I have slain you, that you might possess abundant life; but your head I will conceal. Lest worldly folk should find it and lay waste the earth, I will bury your body, that it may decay, increase, and bring forth innumerable fruits."

四大基本元素。它们还创造了第五种物质，即白色的氧化镁，这并非无心之失。扎迪特长老得出了同样的结论，他说："当这五种物质结合到一起时，它们就会融为一个整体，由此便会形成'自然之石'。"阿维森纳则说："如果我们能够炼制出第五种物质，那么成功就指日可待了。"

为了帮助我们理解，贤者们又以鸡蛋为例。鸡蛋中包含四种物质。首先，[19r] 位于最外层的是蛋壳（即土），蛋白则相当于水。蛋白与蛋壳之间的那层皮则相当于气，它将土与水分隔开来。蛋黄相当于火，它周围裹着一层薄膜，这相当于最稀薄的气。因为它与火更为接近，所以它显得更加温暖与稀薄。它将水与火分隔开来。位于蛋黄中心的就是第五种物质，小鸡便由此孵化而成，并且会逐渐长大。由此可见，鸡蛋中含有全部五种物质，由此便可以塑造出完美的自然。这一道理同样适用于这门伟大技艺。

[20r] 第六则寓言

罗西努斯描绘过这样一名男子。他已经死去，最为引人注目之处在于，他的身体如同盐一样洁白无瑕。他的身体被肢解。他的脑袋与身体分了家，呈现出纯净的金色。他身旁站立着一个凶恶的男人，肤色黝黑，面容可憎。男人右手持一把双刃剑，剑身上沾满了鲜血。左手则拿着一张纸，纸上写着："我杀死了你。你的生命力或许曾很旺盛，但我会将你的头颅藏起来。我还会埋葬你的身体，以免俗人发现并将它抢走。这样一来，你的身体就会腐烂、增殖，并孕育出无数果实。"

[21r] The seventh parable

Ovid, the ancient Roman, indicated something similar when he wrote of the wise old man who wanted to be made young again. He is said to have had himself cut up and boiled until he was perfectly cooked, and no more, then his members would unite again and be rejuvenated with great strength.

[22r] Here follows the special quality through which nature performs her operation.

[21r] 第七则寓言

古罗马人奥维德也有类似的观点。他曾写道，有一名年长的智者想要重焕青春。据说他将自己肢解，并放进水中加以充分烹煮。之后他的身体会重新结合到一起，他也将重新变得青春焕发、身强体健。

[22r] 接下来我们将讨论，大自然凭借怎样的特殊性质来完成其操作。

THE FOURTH TREATISE

Aristotle in his book on generation says that the sun and the man generate a human being; for the power and spirit of the sun give life. And this takes place in a sevenfold manner, with the influence of the sun's heat. But as the Philosophers in their work must assist nature with art, so also they must [f.22v] artificially regulate a heat corresponding to the sun's heat on which they can generate the Stone. And this also takes place in a sevenfold manner.

First, this work requires a heat such as will soften and melt the portions of earth which have become thick and hardbaked. Socrates says thereof: "The pores and crevices in the portion of soil will be opened, so that it may take into itself the power of fire and water."

[f.23v] Second, a heat is needed by whose power all darkness is expelled from the earth, and so it lights up. Senior says thereof: "The heat makes every black thing white, and every white thing red." Just as the water also whitens, the fire also illuminates. Thereupon the subtilized earth takes on the colour of a ruby, through the tincturing spirit that it receives from the force of the fire. Of such Socrates says: "You will behold a wondrous light in the darkness."

[f.24v] Third, the heat brings into every earthly thing a spiritual power, of which is written in the *Turba*: "Make the bodies spiritual, and make volatile what is fixed." Of such an operation Rhases says in the *Lumen luminum*: "One cannot make weightless anything that is heavy without the help of the weightless thing; nor can weightless bodies be pressed down without the presence of the heavy."

第四篇短文

在论述物质如何被创造出来的著作中，亚里士多德曾表示，太阳和男人创造了人类，因为人的生命源自太阳的力量与灵性。在太阳热度的作用之下，这一自然进程共分为七个步骤。不过正如贤人们在其著作中所指出的，必须通过伟大技艺助大自然一臂之力。因此也就必须 [22v] 以人为的方式调节加热的温度，令其与太阳的热度相当，从而锻造出“贤者之石”。这一过程同样分为七个步骤。

第一，需要通过加热令土中坚硬、厚实的部分变软并熔化。对此苏格拉底曾表示：“土中的气孔与裂缝将伸展开来，这样它才能吸收水与火的力量。”

[23v] 第二，需要通过加热去除土中的一切黑色成分，令其变得闪闪发光。关于这一点，扎迪特长老曾说：“加热能使一切黑色的物质变白，并使一切白色的物质变红。”正如水的颜色同样会变白一样，火也会闪闪发光。从火焰那里吸收到能够着色的灵性之后，土会变得细碎，并呈现出红宝石的颜色。关于这一点，苏格拉底说：“你将在黑暗中看见一束奇妙的光芒。”

153

[24v] 第三，加热将为土中的一切物质注入一种灵魂的力量。关于这一点，《群贤毕至》一书写道：“赋予材料以灵性，令固体材料变得易于挥发。”关于这道工序，拉塞斯在《光中之光》一书中写道：“只有借助于没有重量的物质的帮助，才能令沉重的东西失去重量。也只有借助于沉重物质的帮助，才能将没有重量的物质固定住。”

[25v] 第四，加热能够去除多余的矿物成分以及难闻的

[f.25v] Fourth, the heat cleanses and sunders the impurity, for it takes away the mineral excess and all bad odours, and nourishes the elixir. Of this Hermes says: "You should separate what is gross from the subtle, the earth from the fire." Alphidius speaks of it thus: "The earth lets itself be melted and becomes fire." Rhases says: "There are certain purifications of the thing that must take place before the final preparation, which are called mundification, ablution, and separation. The operation cannot be completed until the impure parts are removed."

[f.26v] Fifth, the heat is raised, then by the power of the heat the latent spirit in the earth is brought forth into the air; wherefore the Philosophers say: "Whosoever can bring forth a hidden thing is a master of this art." Morienus agrees, for he says: "Whosoever can quicken the soul will see its colour." And Alphidius says: "This steam must rise up, or you will get nothing from it."

[*Translator's note: In the manuscript, the seventh operation precedes the sixth.*]

[f.27v] Seventh, the heat warms the cold earth, half dead with cold. As Socrates says: "The heat when it penetrates makes subtle every earthly thing which serves for the matter," but in no final form as long as the excessive heat continues to work on the matter. The Philosophers mention this briefly: "Distil seven times so as to separate the corruptible moisture; and it all takes place in one distillation."

[f.28v] Sixth, the power of the heat on the earth is increased so that its congealed part is dissolved, and made light so that it rises above the other elements. Hence the heat should be mollified with the coldness of the moon. Of this Calid says: "Extinguish the fire of one thing with the coldness of another."

气味，从而清除不纯净的东西，并且为“灵丹妙药”提供滋养。关于这一点，赫耳墨斯曾说：“你应该将粗糙与精细的成分分离开来，将土与火分离开来。”阿尔菲迪乌斯则表示：“土熔化之后便化作了火。”拉塞斯说：“在准备工作最终完成之前，必须对材料加以净化。这道工序被称作结合、洗净与分离。直到不纯净的成分被清除，这道工序才算完成。”

[26v] 第五，提高加热温度，促使土将其蕴含的灵性释放到气中，因此贤人们说：“谁能够释放出潜藏的物质，谁就算得上是精通这门技艺的大师。”莫里埃努斯也赞同这种观点，他说：“谁能够加速释放出灵魂，谁就能够看见其色彩。”阿尔菲迪乌斯则表示：“必须催生出这种蒸气，否则你将一无所获。”

[本文译者注：在抄本中，第七道工序出现在第六道之前。]

[27v] 第七，对冰冷、半死不活的土加热。正如苏格拉底所言：“热度能够穿透土中的一切物质，令其变得精细。”不过，倘若继续以过高的温度对材料加热，它就无法达到最终形态。贤人们也简要地提及了这一点：“蒸馏七次，以去除会导致腐烂的湿气。这一切在一套蒸馏操作中得以发生。”

[28v] 第六，提高对土加热的温度，使其中凝结起来的部分熔化，变得轻盈，上升到其他成分的上方。因此应该用月亮的寒意来调和热度。关于这一点，哈立德说：“用另一种寒冷的物质熄灭某种火焰。”

[29v] 关于如何调节加热温度或火焰，《三字书》的作

[f.29v] The author of the *Liber trium verborum* gives in his writings an extra instruction for regulating the heat, or the fire, saying: "When the sun is in Aries, he indicates the first degree, which is mild with regard to heat and is ordered by the water. But when the sun is in Leo he is hotter and indicates the second degree; and that is because of the great coldness of the water, and is ordered by the air. In Sagittarius is the third degree: it is not a consuming heat, and is ordered in the air, or is a repose and stillness."

Now follows the manifold operation of the whole Work, contained in four short chapters to be more easily understood.

The first thing proper to the art of alchemy is solution. For the law of nature requires that the body be turned into a water, that is, into a quicksilver which is so much talked about. The quicksilver releases the sulphur which is joined and compacted with it. This separation is nothing less than a mortification of the moist with the dry, and is actually the putrefaction; and the same will make the matter black.

[f.31r] The second thing is coagulation, which changes the water into the body again, and is so much talked about. In order that the sulphur should be separated again from the quicksilver, and that it should again take the quicksilver and draw the earth and the body to itself out of the water, it is necessary that many different colours appear, as the qualities of the operative agent change. It must be changed by the manipulation of the passive thing, because in this dissolution the quicksilver is as it were active, whereas in the coagulation it is worked upon as passive. Hence the art is likened to the games of children, who when they play turn everything topsy-turvy.

[f.32r] The third is sublimation, through which this aforesaid

者在其著作中给出了额外的建议。他说："白羊座时太阳照射的热度属于第一级，加热起来很温和，会受到水的调节。狮子座时太阳照射的热度较为炎热，属于第二级，由于水本身十足的寒性，这时起调节作用的是气。射手座时太阳照射的热度属于第三级，这种热度还算不上十分强烈，此时起调节作用的仍是气，或是处于休息或静止状态。"

接下来将分四节讲述"伟大技艺"的一系列操作，以便读者理解。

对于炼金术而言，第一道重要的工序就是溶解。因为自然法则要求我们将材料转变成某种液体，也就是说，转变成某种人们谈论甚多的汞。这种汞会释放出硫，并与之紧紧地结合在一起。这一分离的过程就相当于把干燥与湿润的成分"禁闭"到一起，实际上发生的是腐烂作用。在这一过程中，材料会变成黑色。 154

[31r] 第二道工序是凝结。液体由此会再度变成固体。这一过程已被谈论过很多。为了再次将硫与汞分离开来，并再度令这二者相结合，提取出液体中的土与固体成分，需要令材料的性质发生变化，进而显现出多种不同的颜色。必须通过作用于被动的物质来促成这种变化，因为在溶解过程中，汞总是会处于活跃状态，但在凝结过程中，它会转为被动，成为作用的对象。因此这门技艺会被比作儿童的游戏：孩子在玩耍时总是会把一切弄得一团糟。

[32r] 第三道工序是升华，由此可以蒸馏掉前述土质成分中的水分。随着土中的水分减少，它便会化作水蒸气，升腾到土的上方，形成一长条鸡蛋形状的云。这正是"精

earth is distilled of its moisture. For if the water in the earth is reduced, it is given up to the vapours of the air, and rises above the earth as a longish cloud resembling an egg. This is the spirit of the Quintessence, the so-called Tincture, Ferment, Soul, or the Oil; and it is the proximate matter to the Philosophers' Stone. For through sublimation the ashes result, which by their own God-given power dissolve in the moderation of the fire. Thus the earth remains calcined at the bottom of the flask, fiery in nature and quality, and that is the real philosophical sublimation by which the perfect whiteness is achieved. Therefore they compare this art to women's work; that is, washing until it becomes white, cooking and roasting until it is done.

[f.33r] The fourth and last thing needful is that this water be separated from the earth, and again united with the earth. Both must occur if the Stone is to be perfected. For inasmuch as everything in natural objects is combined or compounded in a body, it must also be a single composition.

In the preceding four chapters is contained everything about which the Philosophers have filled the world with countless books.

[f.34r] On the regulation of the fire

If a thing is deprived of heat, there will be no mobility in it. In proper order, the father should change into the son. As is often said, the spiritual is made corporeal, the volatile fixed, or the sun and moon have come home. Of these two planets Senior speaks thus: "I am a hot and dry Sun and thou, Luna, art cold and moist; and that we may rise in the rank of the oldest ones, a burning light shall be poured upon us." That is, through the teaching and mastery of the ancients, the renewal of the moisture

华”（即所谓“酊剂”、“酶”、“灵魂”或“油”）的灵性。它也是最接近“贤者之石”的一种材料。在升华过程中会形成灰烬。凭借其天赐的力量，这些灰烬在火的作用下会熔化。在烧瓶的底部，土会继续接受煅烧，其性质则会变得暴躁。这正是真正的“贤者之升华”过程。材料由此会变成完美的白色。因此贤人将这门技艺比作妇女的活计，也就是说，通过洗涤令它变得雪白，通过烹煮和烘烤令它变得完美。

[33r] 第四道即最后一道工序是，先将这种水与土分离开来，再令二者重新结合到一起。要想锻造出完美的“贤者之石”，这两个步骤就缺一不可。既然大自然中的一切物质都是由各种成分结合或聚合成一个整体，那么“贤者之石”也势必概莫能外。

前面的四节内容涉及“伟大技艺”的方方面面。关于这些问题，贤人们为这个世界留下了不计其数的著作。

[34r] 论如何调节火焰

某种物质一旦失去热度，也就丧失了活力。按照适当的顺序，父亲应该变成儿子。正如人们经常说的，需要赋予灵性以实体，赋予易挥发的物质以固定的形态，换句话说就是，需要让太阳和月亮一同回家。关于这两颗行星，扎迪特长老曾说：“我是太阳，既干燥又炎热；你是月亮，既寒冷又湿润。我们或许算得上是最古老的星球，灼热的光芒应该洒到我们身上。”也就是说，通过古代贤人的教诲与精湛技艺，太阳与月亮将重新获得水分，并再度变得焕然一新。

will be received and sun and moon will become pellucid.

In the *Scala philosophorum* it is thus written of the fire: [f.34v] "The heat or the fire of the whole work is not of a single form." Some say that the heat of the first regimen should be like the heat of a brooding hen; others speak of it as the natural heat in the digestion of food and the nourishment of the body. Others again say that it is like the heat of the sun when he is in Aries. In order that the Stone be completed through one process, the manipulation of the fire must be varied in no fewer than three ways. The first manipulation should be a mild and moderate heat which should continue until the matter has blackened, then changed to white; and this is compared to the heat of the sun when he is in Aries and in the beginning of Taurus. As soon as the whiteness appears it should be increased until the complete desiccation or incineration of the Stone, and this heat is like that of the sun when he is in Taurus and in the beginning of Gemini. And now, when the Stone is dried and turned to ashes, the fire is again increased until it is completely red and clad by the fire in kingly garments. This heat is compared to the sun's when he is in Leo, which is [f.35r] the highest dignity of his house. Sufficient has now been said of the regulation of the fire.

[35v] On the colours which appear in the preparation of the Stone

关于火焰，《贤人的阶梯》（*Scala philosophorum*，英文译为 *The Ladder of Philosophers*）一书写道："[34v] 在整个操作过程中，热度或火焰不应保持不变。"有些人认为，第一道工序中的热度应该与母鸡孵蛋的温度相当。另一些人则认为，这一热度应当与消化食物、为身体补充营养时的自然温度相当。还有一些人则认为，这一热度应相当于白羊座时太阳照射的温度。要想锻造出"贤者之石"，就必须对火焰加以调节，以达到至少三种不同的热度。一开始的热度应该很温和，加热应持续到材料先变成黑色，后变为白色。这一热度应相当于太阳在白羊座以及金牛座初期照射的温度。一旦材料呈现出白色，就应该提高热度，直到石头彻底变干或是焚尽。此时的热度应相当于太阳在金牛座以及双子座初期照射的温度。当石头变干且化为灰烬之后，应该进一步提高热度，直到材料彻底变成红色，宛如国王的华服一般。此时的热度应相当于太阳在狮子座时照射的温度，[35r] 即一年中最高的温度。到此为止，关于应该如何调节火焰，说得已经够多了。

155

[35v] 论在锻造"贤者之石"的过程中会出现哪些颜色

THE FIFTH TREATISE

Miraldus the Philosopher says in the *Turba*: "Twice it turns black, twice also it turns yellow and twice red." Cook it, then, and in the cooking many colours appear, and according to the colours, so the heat is altered. Although all colours appear, there are only [f.36r] three that predominate as principal colours, namely black, white and red. Between these various others appear, especially a yellow colour after the white or after the first red. Miraldus does not count it because it is not a perfect colour. As Ciliator says, it remains in the matter scarcely long enough for one to see it. But the other yellowish colour which results after the perfect white and before the last red does show itself in the matter for a while. Hence certain philosophers have also regarded it as a principal colour. Miraldus says, as mentioned above, that it does appear, but not for so long as the black, white or red, which stay in the matter over four days.

The black and red come twice but are more perfect the second time. But the first perfect colour is black, which manifests in the very mildest heat. Ciliator says that the softening should proceed with mild warmth until the black has gone; and Lucas [f.36v] the Philosopher says in the *Turba*: "Beware of a strong fire: for if you make the fire excessive at the start it will become red before its time, and that will not help you." Therefore at the beginning of its regulation you should have the black, then the white, and lastly the red.

Baltheus the Philosopher speaks thus in the *Turba*: "Cook your mixture until you see it white, and quench it in vinegar, and divide the black from the white." For the white is a sign that it is approaching fixation. It must also be removed from the

第五篇短文

贤人米拉尔杜斯在《群贤毕至》一书中曾说："它会两度变成黑色，两度变成黄色，两度变成红色。"在蒸煮的过程中，材料会呈现出多种颜色。根据颜色的变化，还应该对热度做出相应的调整。尽管材料会呈现出各种各样的颜色，[36r] 但最主要的颜色只有三种，即黑色、白色与红色。在其他各种颜色中，尤其要注意白色或是第一次红色之后出现的黄色。米拉尔杜斯并未提到这种颜色，因为这并非一种完美的颜色。正如西利亚特所言，这种颜色持续的时间勉强只够人们注意到它。不过，材料在呈现出彻底的白色之后，以及最后一次变成红色之前，还会呈现出其他种类的黄色，这种颜色会维持较长时间。因此，某些贤人也将其算作一种主要颜色。如前所述，米拉尔杜斯曾表示，材料的确会呈现出黄色，不过这种颜色不像黑色、白色或红色那样，能够维持超过四天之久。

材料会两次呈现出黑色与红色，第二次比第一次更加完美。不过，最为完美的颜色还要数黑色，它会在非常温和的热度下显现出来。西利亚特说过，应该通过温和的热度令材料软化，直到黑色消失。贤人卢卡斯 [36v] 在《群贤毕至》一书中则说："当心火不要过于猛烈，因为假如一开始火势就过旺，材料就会提前变成红色，这可不是一件好事。"因此应该通过调节热度，促使材料先变成黑色，再变成白色，最后才变成红色。

贤人巴尔塞乌斯在《群贤毕至》一书中说："烹煮那些混合的材料，直到它的颜色开始变白，再将它浸泡在醋

black by the fire of calcination, then through increasing heat the superfluous part separates itself and a crude earth remains beneath the material of the Stone, like a black ball of earth that no longer mingles with the pure and subtle matter of the Stone. And these are the words of the Philosophers: they say that the red should be drawn off from the white until there is nothing [f.37r] superfluous in it; it does not separate, but all becomes a perfect red, which they achieve with a stronger fire. And Pythagoras testifies to this when he says: "The more the colours change, the stronger you should make the fire, so that it no longer fears the fire, since the matter is fixed by the white and the Spiritus does not flee from it." Of this Lucas the Philosopher says: "When our Magnesia is made white, the Spiritus will not fade from it." Thus the Philosophers speak about the colours, and this conclusion follows.

Hermes, the Father of the Philosophers, says that one should not extract the aforesaid white Magnesia until all the colours are completed. It is a water that divides into four other waters, namely from one into two, and three into one. A third part thereof belongs to the heat, two thirds to the moisture. These waters are the Weights of the Wise.

One must also know that the Vine, which is a Sap of the Wise, is [f.37v] drawn off in the fifth; but its wine will be completed in correct proportion in the third. For during the cooking it decreases, and in the trituration it forms itself. In all this are comprised beginning and end. Therefore some Philosophers say that it will be perfected in seven days. But some say in three or four times, some in ten days or forty days, and others in a year. The *Turba* and Alphidius say in the four seasons of the year: spring, summer, autumn and winter. Also in a day,

里，令黑色与白色的成分分离开来。”白色表明材料正在接近于凝固，必须通过煅烧将其与黑色的成分分离开来，然后提高热度，将多余的部分剥离，从而使材料的下部只留下一层粗糙的土，就如同黑色的泥球一般，不再与纯净、精细的材料混合在一起。贤人们也持有这一观点。他们表示，应当将红色与白色的成分分离开来，直到 [37r] 白色的材料中不含任何多余的物质，再通过加大火势，将其炼制成完美的红色。毕达哥拉斯也赞同这种观点，他说："颜色变化的次数越多，火势就应该越旺，从而使材料不再畏惧火焰，因为白色的成分会令材料凝固，避免灵性从中逃逸出来。”关于这一点，贤人卢卡斯说：“炼制出白色的氧化镁之后，灵性就不会从中消失了。”这就是贤人们对于颜色问题的看法。他们的结论如下。

156

“贤人之父”赫耳墨斯曾表示，只有在所有色彩变化都完成后，才应该炼制白色的氧化镁。这种液体会转化成另外四种液体，即从一种转化为两种，再从三种转化为一种。其中三分之一的成分源自热度，另外三分之二则源自湿度。这些液体即“贤人的重量”。

还必须知道，被称为“智者之液体”的葡萄酒 [37v] 会被当成第五种液体，并被按照适当的比例加入第三种液体之中。在烹煮过程中，它的量会逐渐减少；在被碾碎的过程中，它则会逐渐成形。开始与终结均发生在这一过程之中。因此有些贤人表示，经过七天时间，它就将达到完美的状态。不过也有些人表示，只需要三到四天时间；另一些人则认为，需要十天乃至四十天；甚至还有人声称需要一年时间。《群贤毕至》一书以及阿尔菲迪乌斯都认为，

in a week, and in a month. The philosophers Geber and Artos say in three years. All of which is no different from one thing in one thing, whose manipulation is manifold, as are the times, weights and names. All of this a wise artist must know, else he will achieve nothing.

[38v] On the properties of the whole work of preparing the Stone

需要历经春、夏、秋、冬这四个季节。还有人表示需要一天、一周或是一个月时间。贤人贾比尔和阿尔托斯表示需要花费足足三年。上述内容对于其他物质同样适用，其工序都需要经历多个步骤，重复进行多次，并调整材料的分量与种类。睿智的工匠务必对这些了然于胸，否则他就将一事无成。

[38v] 论整个“贤者之石”锻造工序的性质

THE SIXTH TREATISE

Calcination is set at the beginning of the Work like the father of a lineage. It is threefold, two parts appertaining to the body and the third to the spirit. The first is a preparation of the cold moisture which protects the wood lest it burn up, and that is at the start of our work. The second is a [f.39r] fatty moisture that makes the wood burn. And the third is an incineration or turning of the dry earth to ashes, and gives a truly fixed and subtle moisture. It is moreover small, giving off no flame, and produces a clear body like glass. In such a way the Philosophers prescribe the making of their calcination, and it is achieved with Aqua Permanens or Acetum Acerrimum, the same moisture as that within the metals, for it is the beginning of the fusion. As Hermes says: "The water is a beginning of every soft thing."

Hence the Philosophers' calcination is a sign of the destructive moisture, and an application of another, fiery moisture from which arise the essence and the life. Therefore it is called a fusion or incineration, and it takes place with the Philosophers' Water, which is actually the sublimation or Philosophers' resolution, whereby the hard dryness is changed into a soft dryness. Then is extracted the Quintessence and separation of the Elements. And that [f.39v] happens because the parts that were dried out by the fire and compressed together have become subtilized by the spirit, which is a resolving water and moistens the incinerated bodies. And it tempers the destructive heat in an airy resolution, and that is the vaporous property of the Element.

On this account it is called the sublimation, so that the gross earthiness is made vaporous or subtle, turned to a watery

第六篇短文

煅烧被视为“伟大技艺”的起点，就如同一个家族的始祖一般。它由三部分构成，其中两部分与形态有关，第三部分与灵性相关。首先需要准备好寒冷、湿润的材料，它将对木头起到保护作用，以免其燃烧起来。这正是我们的第一道工序。接下来要 [39r] 准备好多脂、湿润的材料，帮助木头燃烧。最后则是将干燥的土烧为灰烬，并催生出一种真正具有固定形态且精细、湿润的物质。这种物质体量较小，不会发出火焰，像玻璃一样透明。这样一来，贤人们便对应如何煅烧做出了规定。在这一过程中使用的材料是“持久之水”（Aqua Permanens，英文译为 permanent water），又名“非常酸的醋”（Acetum Acerrimum，英文译为 very sharp vinegar），即金属内部蕴含的那种湿润物质。因为起初正是这种物质将金属黏合到了一起。正如赫耳墨斯所言：“一切柔软的物质都源于某种液体。”

贤人们认为，煅烧时要用某种易燃的湿润物质，除去另一种具有破坏性的湿润成分，这一过程会催生出精华与生命。因此这一过程被称为“黏合”或“碾碎”，并且要借助于“贤者之液体”才能发生。这实际上是一种升华过程，或曰“贤者之溶解”过程。由此坚硬、干燥的材料会变得柔软。接下来就需要分离四大基本元素并提取精华。[39v] 之所以能做到这一点，是因为被火焰烤干、紧紧挤压在一起的那些成分，已在灵性的作用下变得精细，这种具有溶解力的液体能够令被碾碎的固体变得湿润。它还能化作气，令具有破坏力的热度变得温和。这就是基本元素的

moisture; and the coldness of the water is turned to the warmth of the air; and the moisture of the air to the heat of the fire. And that is the inversion of the Elements, and the Quintessence extracted from the elemental faeces. This Quintessence is an active moisture of a very high nature, which then tinctures innumerable times.

It is also the true fixation of which Geber says: "Nothing becomes fixed unless it is illumined and turns to a beautiful translucent substance." Thence arises the Philosophers' Sulphur, or the ash which is extracted from ashes. Without that the whole mastery is in vain, for it is a metallic [f.40r] water that rejoices in the body and makes it alive. It is an elixir of the Red and White Tincture, and a tincturing spirit.

In this work there also occurs the proper ablution of the blackness and the stench, slain and again brought to life by the introduction of a pure indestructible heat, and a metallic moisture from which it derives its tincturing power. Then is completed the Philosophers' putrefaction or decay spoken of at the start of this book. So its initial appearance is destroyed, and what was concealed is made manifest. As the *Turba* says: "Putrefaction is the first thing, and demands the utmost secrecy."

It is also the true separation of the Elements, which must be inverted. The *Turba* says thereof: "Invert the Elements: what is moist, make dry, and what is volatile make fixed." And later it says: "When all is crushed to powder, it has been diligently prepared, and this is the Philosophers' trituration." Senior says thereof: "The calcination will avail nothing unless a powder result from it."

It is also the decoction of which the Philosophers speak, especially Albertus [f.40v] Magnus, saying: "Of all arts there

蒸气属性。

这一过程被称为升华。粗糙的土化作了蒸气，或是变成了一种湿润的液体；寒冷的水变成了温暖的气；湿润的气则变成了炎热的火。四大基本元素颠倒，精华则被从其残渣中提取出来。精华是一种活跃的、由纯粹的自然元素产生的湿润物质，随后能发生多次性质转变。 157

贾比尔也提到过这种真正的凝固过程，他说："某个东西只有被照亮，并且转变为美丽、半透明的物质，它才会凝固起来。"随后"贤者之硫"便会从中产生，或是能从残余物质中提取出其灰烬。如果缺少了凝固过程，那么整个"伟大技艺"都将徒劳无功，因为在这个过程中，[40r] 金属状的液体会与固体材料重新结合，并且为其注入活力。因此，炼制出的灵丹妙药是一种红白两色的酊剂，并拥有色泽变换的灵性。

在"伟大技艺"的过程中，黑色的成分以及难闻的气味先是会被充分洗净和去除，后来经过纯净且不具有破坏力的加热过程，再经过某种金属状湿润物质的作用，又会重获生机，并且从这种物质中获取染色的能力。此书开篇提及的"贤者之腐烂"过程就此完成。它乍看上去像是遭到了破坏，被隐藏的东西都暴露了出来。正如《群贤毕至》一书所言："腐烂是第一道工序，也最具奥妙。"

在这一过程中，各个基本元素也真真正正地分离并颠倒。关于这一点，《群贤毕至》一书写道："颠倒各种基本元素：将湿润的东西变干，令容易挥发的东西凝固起来。"该书稍后又表示："当一切都被碾成粉末之后，准备工作就可谓一丝不苟地完成了。这一过程就是'贤者之碾

is none which follows nature as alchemy does, because of its cooking and formation." For it is decocted in the fiery and red metallic waters, which contain the most form and the least matter.

It is also the Philosophers' assation or roasting, for the incidental moisture is consumed in a gentle fire. Most of all, one should take heed that the spirit which dries out the body and is dried out of the body does not escape the body, otherwise it will not be perfect.

It is also the Philosophers' distillation or clarification, which is nothing else than a purification of a thing with its essential moisture. And with the coagulation the Philosophers terminate the whole Work.

Of this Hermes says: "Its nurse is the earth, and its power is perfect if it be converted into a fixed earth, and then innumerable effects (as will follow hereafter) shall be made possible by it." So it is achieved in no other way than the natural one, [41r] for this art follows nature in truth, and not in parables as other arts do. Senior confirms that when he says: "No one alive can achieve this art without nature: yea, I say, with such nature as is given to nature from heaven."

[f.41v] On the manifold effects of the whole Work, and why the Philosophers have so many names and allegories in this art of preparing the Philosophers' Stone.

碎'。”扎迪特长老则表示:“煅烧过程若无法形成粉末,就将一无所获。”

煎制工序也发生在这一过程中。关于这一点,贤人们,尤其是[40v]大阿尔伯特说:“在所有技艺中,与大自然的所作所为最为近似的莫过于炼金术,因为它会烹煮材料,赋予其形态。”在炽热的红色金属状液体中煎制,能够用最少的材料塑造出最丰富的形态。

“贤者之烘烤”同样发生于这一过程之中。温和的加热过程会清除偶然残留下来的水分。尤其需要注意,不要让令材料变得干燥并在这一过程中与材料相分离的灵性逃逸出去,否则这道工序就无法取得完美的结果。

这也正是“贤者之蒸馏”或“贤者之净化”的过程,也就是赋予材料适当的水分,令其变得纯净。凝结之后,贤人们的“伟大技艺”就大功告成了。

关于这门技艺,赫耳墨斯说:“其哺育者是大地。如果能令土凝固起来,那么它就将获得完美的能量,并具备无数功效(下文将谈到这一点)。”由此可见,只有通过自然进程,才能实现这一目标,[41r]因为这门技艺就是在忠实地仿效自然,而不像其他技艺那样只是流于表面。扎迪特长老也认可这一观点,他说:“若无大自然的帮助,就没有人能掌握这门技艺。我的意思是,我们需要借助于上天赐予我们的大自然。”

[41v]论“贤者之石”的诸多功效,兼论在锻造“贤者之石”的过程中,贤人们为何要取那么多名字并使用那么多隐喻。

THE SEVENTH TREATISE

It is a common saying of all Philosophers that whoever knows how to slay the quicksilver is a master of this art. But one must pay [f.42r] the most studious attention to their quicksilver, for they describe it very variously. Senior speaks thus: "Our fire is a water. If you can give fire to fire, and mercury to mercury, then you know it well enough." Thereby he calls quicksilver a water and a fire, and the fire must be made with fire. Again he says: "The soul is extracted by decay. And when nothing of the soul remains, you have well washed the body, which is both a soul and a body." It is also called Quinta Essentia or a Spirit, Aqua Permanens or Menstruum. The *Turba* says: "Take the quicksilver and coagulate it in the body of magnesia, or in incombustible sulphur, and dissolve it in the sharpest vinegar; and in the vinegar it will not turn black, white or red, thus becoming a dead quicksilver." It is white in colour before the fire comes to it, then it becomes red. Thus speaks the *Turba*: "Lay it in gold so that it becomes an [f.42v] elixir, that is its tincture, and it is a fair water drawn out of many tinctures; it gives life and colour to all to whom it is brought." Then the *Turba* says: "The colour Tiryus is a red colour, which is the very best of all. Next comes a rich purple colour, and this is the true quicksilver. It brings a sweet taste and is a genuine tincture." From this it is to be understood that the Philosophers have ascribed to quicksilver not only the beginning of their art, but also the middle and the perfect end.

Hermes, the Father of the Philosophers, speaks thus of it: "I have observed a bird which the Philosophers call Orsam. It flies when it is in Aries, Cancer, Libra or Capricorn, and you can

第七篇短文

所有贤人都认为，谁掌握了驾驭汞的技巧，就算得上是精通这门技艺的大师。不过人们 [42r] 对于汞务必倍加留心，因为关于这种物质，贤人们的说法不一。扎迪特长老这样说："我们的火是一种水。如果你能够将火与汞区分得清清楚楚，那么你就算得上对此有足够的了解了。"他将汞既称作水又称作火，而且只有凭借火才能将其变为火。他还说："在腐烂的过程中会提取出灵魂。假如没有灵魂被释放出来，就必须充分清洗材料，因为它既是身体，又蕴含着灵魂。"这种物质又被称为"精华"或"灵性"、"持久之水"或"溶剂"。《群贤毕至》一书写道："让汞在氧化镁或是不可燃烧的硫中凝固起来，将其放入酸性最强的醋中溶解。汞在醋中不会变成黑色、白色或红色，而是会死去。"在被火灼烧之前，汞呈现出白色，此后它则会变红。于是《群贤毕至》一书这样写道："将它放入黄金中，让它变成 [42v] 灵丹妙药，即酊剂，这是一种从许多酊剂中提取出来的美妙液体，它能赋予一切东西以生命和色彩。"该书接着写道："'蒂里乌斯'（Tiryus）是一种红色，是所有颜色中最好的。紧随其后的是一种浓重的紫色，这就是真正的汞的颜色。它带有香甜的气味，是一种真正的酊剂。"从这段话中可以了解到，贤人们不仅将汞视作这门技艺的起点，还视其为中间材料以及最终成果。 158

关于这一点，"贤人之父"赫耳墨斯曾说："我见过一种鸟，贤人们称它为'奥尔萨姆'（Orsam）。在白羊座、

obtain it in perpetuity from true minerals and rare mountains." You should divide its parts, and especially what remains after the division. If the earth is complexioned and you see many colours in it, then it is what the wise [f.43r] men call Cera Sapientiae and Plumbum. The Philosophers say that it should be roasted and distilled for a day and an age, according to the number and division of the parts. They give the things many names, saying: "Sublime it, rectify it until the basis remains. Incinerate it and imbibe it until it flows. Wash it and make it fair until it becomes white. Put it to death and bring it to life again. File and break it up until the concealed becomes manifest and the manifest concealed. Separate the elements and put them together again. Grind it until the corporeal becomes spiritual and vice versa. Leach out the salt from the body. Rectify the body and spirit. Make Venus white, take away Jupiter's thunderbolt, make Saturn hard and Mars soft, make Luna yellow, and dissolve all bodies in a water which bestows perfection on them all."

They also teach much about roasting the Black Sulphur until it becomes red. Then they heat the distillation until it becomes a watery transparent gum like the Corpus [f.43v] which then is much prized and honoured, and is called Lac Virginis. Then they mix the water that is extracted from the Virgin's Milk, and turn it to a redgolden gum and a thick, transparent water, which one should coagulate. Therefore they call it Tinctura Sapientiae, and a fire, the colours, a soul, and a spirit, which after much wandering comes home again.

They also call it Sulphur Rubeum, Gumi Aureum, Corpus Desideratum, Aurum Singulare, Aurum Apparens; also Aqua Sapientiae, Terram Argenteam, Terram Albam, and Aerem Sapientiae, especially if it possesses great whiteness. Of it is

巨蟹座、天秤座或摩羯座时它会飞走。在真正的矿区和人迹罕至的山区，你可以将其捕获。”你需要将这种鸟肢解，尤其要注意被肢解后残留的物质。如果你将不同性质的土捏合起来，并且发现它呈现出多种颜色，那么它就是 [43r] 贤人们所说的“智慧之蜡”（Cera Sapientiae，英文译为 wax of wisdom）和“铅”（Plumbum，英文译为 lead）。贤人们说过，应该根据其肢体的数量，将其烘烤和蒸馏整整一天乃至更长时间。贤人们还为这些东西取了许多名字。他们说：“令其升华，将其净化，直到只有基础成分留存下来。将其碾碎并溶解，直到它流动起来；将它洗净，直到它变成白色。将它杀死，再令它重生。将其捣得粉碎，直到隐藏起来的东西暴露在外，暴露在外的东西被隐藏起来。将各种元素分离开来，再将它们结合到一起。将其研磨，直到其形体化为灵性，灵性化为形体。从其体内析出盐分。净化其形体与灵性。令维纳斯变成白色，夺走朱比特手中的雷电，令萨图恩变得坚硬，令玛尔斯变得柔软，令月神变成黄色，并让所有这些东西在某种液体中溶解。令其达到完美的状态。”

关于应如何烘烤黑色硫，直到其变红，他们也提出了许多教诲。之后他们会通过加热令其蒸馏，直到它变成一种透明的液态胶质，就如同 [43v] 在当时备受珍视与推崇的“身体”（Corpus，英文译为 body）一般。这种物质被称作“处女的乳汁”。他们随后会将其与从“处女的乳汁”中提取出的液体一道搅拌，令其变成金红色的胶质以及浓稠透明的液体，再令其凝结。他们因此称其为“智慧的酊剂”。于是，火焰、色彩、灵魂与灵性在游荡多时之后，终于又

written in the *Turba*: "You should know that if you do not make your gold white, you will also not be able to make it red, for the two are the same nature." The white is made from the red, the black, and a pure water; the crystalline will appear from the citrine red. Therefore Senior says: "It is a wonderful thing: if you cast it over the other three mixed together, it helps the white over the citrine, and the red it makes white like the colour of silver. Then it helps the red over the citrine, and makes the same white." [f.44r] And Morienus speaks thus: "Behold the perfect citrine, which changes in its yellowness; and the perfect red, which forms in its redness and furthers the perfect black in its blackness."

Hence it is clear that the gold of the Philosophers is other than the common gold or silver, although some philosophers happen to compare it to these, and indeed to all metals. Senior says: "I am a hard and dry iron, and there is nothing that resembles me, for I am a coagulation of the Quicksilver of the Philosophers." The *Turba* says: "Copper and lead become a precious Philosophers' Stone. The lead that the Philosophers call red lead is a beginning of the whole work; without it nothing can be done." And they also say of it: "From red lead make iron or crocus. From white lead make a white tincture or tin; from tin make copper; from copper make white lead; from white [f.44v] lead make cinnabar; from cinnabar make a tincture; and you have begun the wisdom." However, the Philosopher says: "Nothing is nearer to gold than lead, for in it is life and the secret of all secrets." But that is not said of common lead. The same is said of marcasite, whereby the stinking earth receives golden sparks. As Morienus says: "It is also compared to arsenic, orpiment and tutia, and to many things which are not

回家了。

他们还称其为“红色硫黄”、“金色胶质”、“梦寐以求的单个身体”、“现身的黄金”、“智慧之水”、“白银之土”、“白土”和“智慧之气”，尤其是如果它的色彩极为洁白。关于这种物质，《群贤毕至》一书写道：“你应该知道，如果不令黄金变成白色，你就无法令其变成红色，因为这两种颜色属于同一种性质。”白色源自红色、黑色以及某种纯净的液体，在偏柠檬色的红色中会出现晶体。因此扎迪特长老说：“这是一种美妙的物质。如果你将它与另外三种材料混合起来，它就会使白色盖过柠檬色与红色，并且使白色如同白银一样。然后它又会使红色盖过柠檬色，并再次催生出白银一样的白色。”[44r] 莫里埃努斯则说：“注意看完美的柠檬色，它会先变成黄色，再变成完美的红色，最后变成完美的黑色。”

159

贤人们的黄金显然并不是普通的黄金或白银，尽管某些贤人恰好曾将前者比作后者，乃至一切金属。扎迪特长老曾说：“我是一块坚硬、干燥的铁，没有任何东西与我相像，因为我是由‘贤者之汞’凝结而成。”《群贤毕至》一书则写道：“铜和铅成了珍贵的‘贤者之石’。被贤人们称为‘铅丹’的那种铅，可以被当作‘伟大技艺’的起点，少了这种材料，就什么事也做不成。”他们还曾说：“用铅丹能够炼制出铁或氧化铁。用白铅可以炼制出一种白色酊剂或者锡，利用锡可以炼制出铜，利用铜可以炼制出白铅，[44v] 利用白铅可以炼制出辰砂，利用辰砂可以炼制出一种酊剂。于是你便掌握了这门智慧。”但贤人们表示：“最接近黄金的物质莫过于铅，因为铅蕴含着生命力

at all mineral, such as the Four Complexions; to theriac, to the basilisk, to blood; likewise to many common things including among minerals salt, alum, vitriol and the rest, on account of its many qualities."

But above all Alphidius warns us, saying: "Dear Son, beware of the spirits, bodies and stones which are dead, as I have said: for in these there is no progress, nor will you find there your purpose and design. For their power does not increase, but comes to nothing." But the Philosophers' Salt, which is a tincture, is extracted like other Sal Alcali from bodies, and is also that which is extracted from the body of the metals. Of that [f.45r] Senior says: "First it becomes ashes, then a salt, and through manifold effort it becomes at last a Philosophic Mercury. But above all the Sal Ammoniac is the best and noblest of all that exists."

Aristotle in the Book of the Seven Commandments speaks thus of it: "Almisadir, that is Sal Ammoniac, should serve you alone, for this dissolves bodies and makes them soft and spiritual." The *Turba* says the same, in these words: "You should know that the body does not tincture itself unless the Spirit which lies hidden in its belly be drawn out; then it becomes a water, and a body which is of a spiritual nature." For the gross earthly thing does not tincture itself: the proper one is of a thinner nature and colours it. But the spirit which is of a watery nature tinctures it into an elixir, because what has been taken out of it is a white and red fixation that colours perfectly: a penetrating tincture that mixes with all metals.

The perfection of the whole mastery depends on these few points. One should draw out the sulphur from the perfect bodies which have the fixed Mars, for the sulphur is the noblest

以及奥秘中的奥秘。”不过，这指的并非普普通通的铅。同样的话还曾被用在白铁上，这种散发出恶臭的物质闪烁着金子般的光泽。正如莫里埃努斯所言：“在谈论其性质时，它还曾被比作砷、雄黄以及“图蒂亚石”（tutia），以及许多并非矿物的事物，如四种肤色、糖浆、蛇怪和血液；还曾被比作许多普通物质，如盐、矾、硫酸盐等矿物。”

不过，阿尔菲迪乌斯也发出了警告，他说：“亲爱的儿子，请当心死去的灵性、身体与石头。正如我说过的，这些东西内部既不蕴含进步的成分，你也无法凭借它们达到自己的目的。它们的能量无法增加，也不会发挥任何作用。”作为一种酊剂的“贤者之盐”却和其他碱金属盐一样，提取自金属材料。[45r] 对此扎迪特长老表示：“它首先会化作灰烬，接下来会变成盐，经过多道工序，它最终会变成‘贤者之汞’。氨盐是最出色、最高贵的一种盐。”

亚里士多德在《七诫书》（“Book of the Seven Commandments”）中写道：“你只需要使用‘Almisadir’，也就是氨盐，因为它能使各种材料溶解，令其变得柔软，并赋予其灵性。”《群贤毕至》一书也持有相同的观点，该书写道：“你应该知道，假如蕴藏在其内部的灵性未释放出来，那么材料自身就不会转变性质。释放出灵性之后，它会变成某种液体，然后变成具有灵性的材料。”由于粗糙的土自身不会转变性质，更适宜的是用某种更纯粹的物质为其赋予色彩。液态的灵性则将其转变为灵丹妙药，因为从中得到的白色与红色的凝固物色泽完美，静明澄澈，能够与任何金属融合。

160

and subtlest part: a [f.45v] crystalline salt, sweet and tasty, and a radical moisture, which, even if it stands in the fire for a year, is always like melted wax. Therefore a little part exalts a large mass of common quicksilver into genuine gold. Hence the moisture or water which one draws out of the metallic bodies is called the Soul of the Stone, or the Mercury. But its powers are called the Spirit when it affects things of a sulphurous nature. The gross earth is the body or the Corpus, the Quintessence, and the Ultimate Tincture. And these three are all a single thing, from a single root, only of different effects. Though the names of these things are innumerable, they all concern one thing. They are like a chain, equal and attached to one another, so that when one ceases another begins.

[f.46r] In this last part are to be found the virtues and powers of this noble tincture, which is a strong tower against its enemies. Know that the ancient sages discovered four chief virtues in the laudable art. First, it makes one healthy and free from manifold diseases. Second, it makes perfect the metallic bodies. Third, it transforms all common stones into precious stones. Fourth, it makes malleable any glass.

Of the first, the Philosophers say that if one takes it in a warm drink of wine or water it straightway makes one well. It heals paralysis, dropsy, leprosy, jaundice, heart palpitations, colic, fever, epilepsy, the gripes, and many other pains within the body. It also heals all exterior ailments if one anoints oneself with it. It removes the harmful flux from an unhealthy stomach; all melancholy, depression and colds. It also prevents all afflictions of the eyes, strengthens the heart, restores the hearing, makes good teeth, restores lame limbs and heals [f.46v] abscesses. To sum up, one takes it internally or applies it in a

“伟大技艺”能否大功告成，取决于以下几点。首先需要从有玛尔斯凝固于其中的完美固体材料中提取出硫，因为硫是其最高贵、最精细的成分，[45v] 这种带有甜味的晶体盐含有大量水分，哪怕被火焰炙烤整整一年，也总显得像是熔化的蜡一般。因此，少量硫就足以将大量普通汞变成真正的黄金。于是，从金属材料中提取出来的水分或者液体便被称为“石之灵魂”或汞。其对硫类物质施加影响的能力便被称作灵性。粗糙的土则是“身体”，或曰精华以及“终极酊剂”。这三个名字指的都是同一种物质，有着相同的根源，只是功效有所不同。尽管这些东西的名字五花八门，但它们致力于同一个目标。它们就如同链条一般环环相扣，前者刚刚结束，后者随即开始。

[46r] 在最后一部分，我们将谈论这种高贵酊剂的功效，它就如同高墙一般能够抵御劲敌。古代贤人发现它具有四种功效。第一，它能治疗多种疾病，使人变得健康。第二，它能将金属材料变得完美。第三，它能将普通石头变成宝石。第四，它能令玻璃变得易于锻造。

关于第一种功效，贤人们曾表示，如果将其浸泡在温热的葡萄酒或水中服用，它就会立刻令你恢复健康。它能治疗瘫痪、水肿、麻风病、黄疸病、心悸、腹痛、发烧、癫痫、肠绞痛以及其他许多病痛。如果将其涂抹在身体上，它还能治好一切外伤。它能帮助患病的肠胃排出有害物质，还能治疗感冒，令你摆脱一切忧虑与抑郁情绪。它还能令你免于患上眼疾，令心脏变得强健，令双耳复聪，令牙齿坚固有力，令双腿不再一瘸一拐，并且 [46v] 令脓肿消退。总而言之，它既可以内服，也可以作为粉末或膏药

powder or salve. Senior says: "It makes a man glad and young, and keeps his body happy, fresh and healthy, protected from internal and external maladies."

It is therefore a medicine above all other medicines of Hippocrates, Galen, Constantine, Alexander, Avicenna, and all others learned in medicine. One should also mix this medicine with other medicines or with waters which are good against the disease.

Of the second virtue it is written that it transforms all imperfect metals. That is evident, for it makes any silver completely golden in colour, substance and weight, and identical in melting, softness and hardness.

Of the third it is written that this medicine also makes all stones into precious stones such as jasper, jacinth, red and white corals, emerald, chrysolite and sapphire, crystals, carbuncles, ruby and topaz, which are far better and more efficacious than the natural ones. It also makes all common and precious stones dissolve and soften.

[f.47r] Fourthly, when one applies the said medicine to molten or crushed glass, it can be cut and turned to all colours. Any skilful craftsman can discover the rest for himself through experiment.

外敷。扎迪特长老曾说："它能使人变得高兴、年轻，令人身体健康、充满活力、避免遭受内在或外在的病痛。"

因此，这种药物要比希波克拉底、盖伦、君士坦丁、亚历山大、阿维森纳以及其他所有精通医道之人开具的药方都更为灵验。还可以将这种药物与其他药物或液体混合使用，这样做能帮助你百病不侵。

关于第二种功效，贤人们写道，它能将所有不完美的金属变得完美。这一点可谓显而易见，因为它能将所有白银变得在色泽、质地、重量、熔点以及软硬程度等各方面与黄金别无二致。

关于第三种功效，贤人们写道，这种药物还能将所有石头变成宝石，如碧玉、红锆石、红珊瑚、白珊瑚、绿宝石、贵橄榄石、蓝宝石、水晶、红宝石和黄宝石。与天然宝石相比，由普通石头变成的宝石更为精美，具有更多功效。它还能溶解以及软化一切普通石头或宝石。 161

[47r] 第四种功效是，如果将这种药物涂抹在碎玻璃或是被熔化的玻璃上，玻璃就将变得易于切割和上色。任何技艺精湛的工匠都能在实践中发现其他功效。

Conclusion

This most precious art, comforter of the poor, noble Alchemy, above all natural arts that men ever have on earth, should be acknowledged as a gift from God. For [47v] the most part it is described in manifold sayings and figures, concealed in the parables of the ancient sages. Senior the Philosopher says: "An intelligent man who meditates on this art will soon grasp or understand it, if his mind or heart are illuminated, from the books of knowledge of this art."

Hence he who would do wisely should seek the wisdom of the ancient sages, which uses for its delivery many parables, definitions and enigmatic sayings in which their operation is concealed and hard to decipher. For reflection is a very subtle sense, and only to those who have understanding in these matters is it quite easy and natural. But to those who have no understanding of it, as Senior also says, nothing is more contemptible than this art. Yet in nature there is nothing more precious than one who has this art. He is rich, as one is rich in fire who has a flint stone from which he can strike fire whenever, however, and for whomever he will, without diminution of the stone. Rich gold is bestowed on him in abundance. Moreover, it is a [f.48r] better thing than any merchandise, gold and silver, and its fruits are better than any of the world's riches. For why? Through it they are completed, since it affords long life and health. For its final fruit is the genuine Aurum and the all-powerful Balsam, and the supremely precious gift of God. Thus the ancient sages achieved it in nature, together with art.

结语

炼金术这门技艺比世间的一切技艺都更为珍贵，它应该被视作上帝赐予的礼物。[47v] 它的大部分内容都隐藏在古代贤人的格言、图画以及寓言之中。贤人扎迪特长老曾说："聪明人思考这门技艺时，如果其心灵被饱含相关知识的著作照亮，那么他很快就会领悟或理解其道理。"

因此，聪明的做法就是努力探寻古代贤人的智慧。这些智慧隐藏在许多寓言、定义以及高深莫测的警句之中，十分难于破解。思考是一件很玄妙的事情，只有对这些问题有所了解的人，才能较为轻松和顺畅地领悟其中的奥妙。而正如扎迪特长老所言，对于并不理解相关问题的人而言，这门技艺就显得极为可鄙了。然而在自然界中，没有任何东西比掌握了这门技艺之人更为宝贵。他很富有，就如同拥有打火石之人，只要自己愿意，随时随地都可以点着火焰，而打火石不会损失半分。他也能够拥有大量黄金。此外，[48r]"贤者之石"优于任何商品以及金银，其功效也胜过世间的一切财富。为何这样认为？因为它能够带来健康与长寿，令生活更加完美。这门技艺的终极成果就是真正的黄金与万能药，这是上帝赐予的无比珍贵的礼物。古代贤人凭借大自然的力量以及这门技艺才实现了这一成就。

《日之光芒》中提及的炼金思想家与炼金术著作

乔治亚娜·赫德桑

大阿尔伯特

163

大阿尔伯特（约 1200～1280）是中世纪最伟大的哲学家之一，还是经院哲学的奠基人。大阿尔伯特出生于德意志南部，是多明我会修士。他对冶金学格外感兴趣，撰写了一部点评亚里士多德学说的名作《论矿物》（*De mineralibus*，英文译为 *On minerals*）。在这部书中，他对炼金术士们的观点提出了批评，并且认为，某种物质有可能转化为另一种，但只有通过自然进程才能实现。《日之光芒》引用的内容也呼应了这种观点。在大阿尔伯特去世后，有关他精通炼金知识的传闻不胫而走，许多冒用他名字的伪作在炼金圈子里广为流传。

阿尔菲迪乌斯

关于阿尔菲迪乌斯，人们一无所知。他可能是生活在中世纪的阿拉伯炼金术士。《哲人玫瑰园》以及彼得鲁斯·博努斯的《新的无价之宝》（见“费拉里乌斯”这一词条）等作品，都收录了阿尔菲迪乌斯的不少警句。他撰写的一篇隐喻性短文还被收录在德语炼金术作品汇编《三方奥林匹克同义词典》（*Thesaurinella olympica tripartita*，英文译为 *Thesaurus in the Tripartite Olympics*）中。这部作品由本笃·菲古卢斯编纂，于 1608 年出版。

164

亚里士多德

伟大的古希腊哲学家亚里士多德（公元前 384～前 322）在炼金圈的声誉主要源自两部作品，即《气象学》的第四卷（不过其真实性受到了质疑），以及假冒他名义的伪作《奥秘中的奥秘》（*Secretum secretorum*，英文译为 *The Secret of Secrets*），后者其实是一部问世于约公元 9 世纪的阿拉伯语作品。《日之光芒》引用了这两部作品的内容。《气象学》第四卷提及的某些内容的确可以被解读为支持物质转化的观点。《奥秘中的奥秘》自称收录了亚里士多德对其学生亚历山大大帝的“秘密教诲”。这部分内容有许多语言的诸多版本存世，其中某些版本含有关于炼金术的一章，还收录了赫耳墨斯《翡翠石板》一书的某个早期版本（见“赫耳墨斯”这一词条）。《日之光芒》引用的其他内容则来自《论物质的生成与腐烂》（*Book of*

Generation and Corruption）以及《七诫书》这两部作品。其中前者的确是亚里士多德的作品，后者出自何人之手则说法不一。

阿尔托斯

“阿尔托斯”即“亚里士多德”的简称。《日之光芒》的“柏林”抄本就并未使用“阿尔托斯”这一简称，而是使用了“亚里士多德”的全名。

阿维森纳

波斯医生、哲学家阿维森纳又名伊本·西拿（Ibn Sina, 980～1037）。他主要因其医学与哲学著作而闻名，尤其是《医典》（*Canon of Medicine*）一书，堪称中世纪拉丁语地区最重要的医学著作。阿维森纳深受亚里士多德和盖伦的影响，他从新柏拉图主义的视角出发来理解这两人的学说，并试图令其与伊斯兰教这个一神教信仰相适应。阿维森纳怀疑物质并不能转化为其他种类，他在研究矿物的名著《论石头的凝结与黏合》（*De congelatione et conglutinatione lapidum*，英文译为 *On the Congelation and Conglutination of Stones*）中表达了这一观点。但这并不妨碍某些学者将中世纪最具影响力的炼金术著作之一《论炼金术的灵魂》（*De anima in arte alchemiae*，英文译为 *On the Soul in the Art of Alchemy*）归到他名下。《日之光芒》的作者虽然曾批评称，阿维森纳的药方不如按照该书描述的方式炼制出的药物灵验，但显然依旧认为他是炼金术的拥趸。

巴尔塞乌斯

“巴尔塞乌斯”是“巴尔古斯”（Balgus）的另一种拼法。这名哲学家的言论也被收录进《群贤毕至》之中，而这正是《日之光芒》参考的主要作品（见“《群贤毕至》”这一词条）。有人曾试图按照希腊语的原始拼法，将“巴尔古斯”译作“佩拉约斯”（Pelagios），不过我们无法确定此人和伯拉纠（Pelagius, 约 360～418）是不是同一个人。伯拉纠是一名基督教神学家，他否定了奥古斯丁提出的原罪说，并主张通过行善来实现救赎。巴尔古斯是《群贤毕至》中第五十八讲的主讲人。

165

哈立德

哈立德·伊本·叶齐德（Khalid ibn Yazid, 卒于 704 年）名字的主流拉丁语拼法为“Calid”。他是阿拉伯帝国倭马亚王朝的王子，生活在大马士革。哈立德的父亲是哈里发叶齐德一世（Yazid I），兄长则是哈里发穆阿维耶二世（Muawiya Ⅱ）。被排除出哈里发继承序列之外后，哈立德转而在学术研究中寻求安慰。有证据显示，他对炼金术很感兴趣。得益于他的推动，许多炼金术著作被从希腊语和科普特语翻译成了阿拉伯语。然而我们并不能确定，他本人是否热衷于从事炼金活动。不过按照炼金界的传统，哈立德从一个名叫莫里埃努斯或马里亚诺斯（Marianos）的希腊僧侣那里习得了炼金术（见“莫里埃努斯”这一词条）。多份据说出自哈立德之手的抄本流传至今，包括《炼金术的奥秘》（*Liber secretorum alchemiae*，英文译为 *The Book of Alchemical Secrets*）以及《三字书》（见“《三字书》”这一词条），但其真实性存疑。

西利亚特

“西利亚特”是“康西利亚特”（Conciliator）的简称，意思是“调解者”。这是意大利哲学家阿巴诺的彼得罗（约1257～1316）的绰号。阿巴诺的彼得罗是帕多瓦大学的医学教授。他是个狂热的占星家，还自诩为魔法师。他的主要作品为出版于1303年的《哲学家与医生间分歧的调解者》（*Conciliator differentiarum, quæ inter philosophos et medicos versantur*，英文译为 *The Reconciler of the Differences between Philosophers and Physicians*），这也正是他绰号的来源。阿巴诺的彼得罗支持将炼金术用于治病救人，不过他本人可能并不曾从事炼金活动。

费拉里乌斯

“费拉里乌斯”指的是费拉拉的彼得鲁斯·博努斯。这名炼金术士为人所知的唯一作品就是《新的无价之宝》。这是一部创作于约1330年的经院哲学之作。彼得鲁斯·博努斯作品的突出之处在于，他试图将炼金术置于宗教框架之中，并坚持认为“贤者之石”是一种超自然物质。他还是这一观念的宣扬者之一：古代诗人（尤其是奥维德和维吉尔）的神秘诗作中隐藏着炼金的秘诀。这种观点在《日之光芒》中也有所体现。 166

盖利埃努斯

“盖利埃努斯”（Galienus）指的是伟大的古希腊医生盖伦（129～约 200/216）。他的医学思想在中世纪以及近代早期占据着统治地位。盖伦很少会被当成炼金术士，不过有不少炼金术作品会冒用他的名字，《日之光芒》引用的内容就是这样的例子。

贾比尔

“贾比尔”指的是生活在拉丁语世界的假贾比尔，而不是阿拉伯哲学家贾比尔·伊本·哈扬（Jābir ibn Hayyān, 活跃于 8 世纪～9 世纪）这个或许只活在传说中的人物。“假贾比尔”或许是 13 世纪意大利方济各会修士塔兰托的保罗的假名，他喜欢冒用著名炼金术士贾比尔的名字出版作品。假贾比尔的代表作是《完美魔法的高度》。这部作品对炼金术在中世纪以及近代早期的发展产生了重大影响。

哈立

“哈立”即“哈立德”（见“哈立德”这一词条）。

赫耳墨斯

《日之光芒》中提到的“赫耳墨斯”指的当然是神秘的哲学家“三重伟大的赫耳墨斯”。在古代晚期、整个中世纪以及文艺复兴时期，有大批作品被归到他的名下。赫耳墨斯被尊奉为最伟大的古代哲学家之一。他还被视作炼金术的开山鼻祖，以及《翡翠石板》这部简短的炼金术著作的作者（如今这部作品被认为源自阿拉伯地区）。研究者相信，“三重伟大的赫耳墨斯”在历史上并不存在，这只是人们根据古希腊神赫耳墨斯与古埃及神托特的各种特征虚构出来的一个人物。

卢卡斯

在《群贤毕至》中也出现了卢卡斯的名字，这部阿拉伯文作品后来被翻译成了拉丁文（见“《群贤毕至》”这一词条）。拉丁语里的“卢卡斯”这一名字，源自古希腊哲学家留基伯（Leucippus，活跃于公元前5世纪）的阿拉伯语译名。此人被认为是德谟克利特的老师以及原子学说之父。《群贤毕至》中第十二讲、第六讲以及第六十七讲的主讲人均是卢卡斯（留基伯），其中前一讲篇幅较长，后两讲篇幅较短。

167

梅纳尔杜斯

“梅纳尔杜斯”指的是《群贤毕至》中的“梅纳布杜斯”（Menabdus）或“梅纳巴杜斯”（Menabadus），见“《群贤毕至》”这一词条。“梅纳布杜斯”被认为指的就是生活在公元前6世纪末、前5世纪初的前苏格拉底时代古希腊哲学家巴门尼德（Parmenides）。但令人困惑的是，巴门尼德以其本名以及“蒙杜斯”（Mundus）这一名字，同样出现在了《群贤毕至》之中。该书第二十五讲的主讲人是“梅纳布杜斯”，谈论的是赋予有形的物质以灵性、赋予有灵性的物质以形体的必要性。第十一讲的主讲人是巴门尼德，第十八讲、第四十七讲、第六十二讲以及第七十讲的主讲人则是“蒙杜斯”。

米拉尔杜斯

在《群贤毕至》中未出现名叫“米拉尔杜斯”的哲学家（见“《群贤毕至》”这一词条）。这个名字可能指的也是“梅纳尔杜斯”（见“梅纳尔杜斯”这一词条）。

莫里埃努斯

“莫里埃努斯”或“马里亚诺斯”是一名传说中的科普特僧侣，与哈立德·伊本·叶齐德生活在同一时代（见“哈立德”这一词条）。据说，莫里埃努斯从阿德法尔·亚历山大努斯（Adfar Alexandrinus）那里习得了炼金术，后者通常被认为指的是拜占庭哲学家亚历山大的斯蒂芬（活跃于 610～641 年）。莫里埃努斯又将真正的炼金技艺传授给了哈立德。"莫里埃努斯"这个名字与中世纪炼金术参考的一部重要作品有着紧密的关联，那就是莫里埃努斯·罗马努斯的《证言》（*Testament*）[此书又名《论炼金术的成分》（*Liber de compositione alchemiae*，英文译为 *A Book on Alchemical Composition*）]。这是首部从阿拉伯文翻译成拉丁文的炼金术作品。其译者一说是凯顿的罗伯特（Robert of Ketton），另一种说法则是切斯特的罗伯特（Robert of Chester, 1144）。

奥维德

古罗马诗人奥维德（公元前 43～公元 17/18）的杰作《变形记》是彼得鲁斯·博努斯（见"费拉里乌斯"这一词条）等中世纪晚期炼金术士最喜欢援引的作品之一，他们想要借此证明，在诗歌中隐藏着炼金的奥秘。《日之光芒》援引的则是美狄亚的故事，她切开了埃宋的喉咙，从而令这名老者重新焕发了青春（《变形记》第七卷）。

贤人（《群贤毕至》或亚里士多德）

168

我们并不清楚这名"贤人"指的究竟是谁。在中世纪，亚里士多德被认为是最出色的哲学家，人们常常会用"贤人"（Philosophus）一词来称呼他。这个词指的还有可能是《群贤毕至》中的那位佚名"贤人"（见"《群贤毕至》”这一词条)。此人在该书的第六十三讲和第七十二讲中发过言，并且提到了铅，不过无法确定其言论的确切内容。

毕达哥拉斯

在《群贤毕至》中，前苏格拉底时代的古希腊哲学家萨莫斯的毕达哥拉斯(公元前约570～前495)被刻画成了一名炼金术士(见“《群贤毕至》”这一词条)。毕达哥拉斯在该书中的分量非常重，在第八讲、第十三讲、第三十一讲、第四十八讲以及第六十四讲中都发过言。而且按照该书的说法，这场集会的发起人正是毕达哥拉斯的学生阿里斯莱乌斯(Arisleus/Archelaus)。阿里斯莱乌斯在发言时一开始便将老师尊奉为仅次于赫耳墨斯的智者。按照他的说法，毕达哥拉斯学派也和更加古老的赫耳墨斯学派有着紧密的关联，因此与炼金术也不无关系。

拉塞斯

拉塞斯的真名为阿布·贝克尔·穆罕默德·伊本·扎卡里亚·拉齐(Abū Bakr Muhammad ibn Zakariyyā al-Rāzī, 854～925)。他是波斯哲学家、医生及炼金术士，撰写了多部医学著作以及两部炼金术著作。《日之光芒》引述的拉塞斯言论出自《光中之光》。不过，该书被认为是冒用他名字的一部伪作。《光中之光》对拉丁语世界的炼金术产生过重大影响，罗杰·培根尤其深受其启发。

罗西努斯

“罗西努斯”是炼金术士帕诺波利斯的佐西莫斯（约300）在中世纪时的拉丁语名字。他生活在罗马统治之下的埃及。佐西莫斯从他的诺斯替信仰这一视角看待炼金术，将其视作一门神圣的技艺。佐西莫斯收了一名叫塞奥塞贝亚（Theosebeia）的女学生，她或许是佐西莫斯的姐妹。有记录显示，两人一道撰写了一部足足有28卷的炼金术百科全书，名为《操作大全》（*Cheirokmeta*，英文译为 *Manipulations*）。但这部巨著仅有残篇存世。这其中最著名的章节或许要数《论功效》（“Of Virtue”）。佐西莫斯在这一章中用极具隐喻意味的文字描述了炼金术的操作过程，表达了自己对于这门技艺的愿景。

《贤人的阶梯》

169 《贤人的阶梯》是中世纪晚期的一部拉丁文炼金术著作，其作者被认为是生活在14世纪或15世纪的吉多·德·蒙塔诺尔（Guido de Montanor）。该书清晰地描绘了炼金术操作过程的各个阶段，因此享有盛名。该书于1550年以拉丁文首次出版，此后被翻译成了法文和德文。

长老

在中世纪的拉丁文文献中，穆罕默德·伊本·乌迈勒·塔米尼通常会被称为“长老”或“扎迪特长老”，这是因为乌迈勒拥有“长老”这一头衔。乌迈勒撰写了多部炼金术著作，不过他最著名、最具影响力的作品还要数《波光粼粼的水流与星光闪耀的大地》。乌迈勒在文中描述称，自己发现了“古代贤人”炼制出的某种石板。这部作品可谓赫耳墨斯《翡翠石板》一书带插图的翻版（见“赫耳墨斯”这一词条）。在 12 世纪或 13 世纪时，《波光粼粼的水流与星光闪耀的大地》被翻译成拉丁文，并更名为“（扎迪特）长老”的《化学表》。这部作品对拉丁语世界的炼金术发展产生了重大影响。

苏格拉底

古希腊著名哲学家、柏拉图的老师苏格拉底（公元前约 470～前 399）有时也会被认为是一名炼金术士，不过这种观点并不常见。他也曾以本名以及“弗洛鲁斯”（Florus/Flritis/Fiorus）这一名字在《群贤毕至》中登场，该书第十五讲、第十六讲以及第六十九讲的主讲人均是他。

《三字书》

《三字书》这部简短的炼金术著作的作者被认为是哈立德·伊本·叶齐德（见“哈立德”这一词条）。有时候它还会被与假贾比尔的《完美魔法的高度》一书打包出版（见“贾比尔”这一词条）。在《哲人玫瑰园》和《日之光芒》中，这部作品都曾被作为权威文献加以引用。

《群贤毕至》

《群贤毕至》是最古老、最著名的炼金术著作之一。它被认为于约900年在阿拉伯世界问世。其意图在于在古希腊哲学中寻找炼金术的根基。《群贤毕至》由多篇演讲构成，摘录了大量哲学警句。在书中登场的诸位贤人，某些固然大名鼎鼎（如柏拉图、苏格拉底、巴门尼德和毕达哥拉斯），但大多数人的名字听上去很陌生。经过朱利叶斯·鲁斯卡（Julius Ruska）以及马丁·普莱斯纳（Martin Plessner）等学者的努力，某些人的姓名已经被译回了希腊语原文，其身份也被确定为前苏格拉底时代的古希腊哲学家，诸如恩培多克勒（Empedocles）、阿基劳斯（Archelaus）、留基伯以及阿那克西曼德（Anaximander）。《群贤毕至》一书试图证明，在古希腊哲学中能够找到炼金术的根源。

170

维吉尔

《日之光芒》的作者并未明确表示古罗马诗人维吉尔（公元前70～前19）也是一名炼金术士，却暗示称，其神秘的史诗《埃涅阿斯记》中隐藏着某种深层含义。我们知道，在中世纪时维吉尔被认为是一名伟大的魔法师。到了中世纪晚期，彼得鲁斯·博努斯等炼金术士更是提出，维吉尔笔下的金树枝等故事暗含着炼金术的奥秘（*Aeneid* 6. 136-148）。

索引

（以下页码为原书页码，即本书页边码）

L

M

图书在版编目（CIP）数据

日之光芒：世上最著名的炼金术抄本 / (澳) 斯蒂芬·斯金纳 (Stephen Skinner) 等著；李岩译. -- 北京：社会科学文献出版社, 2024.6

书名原文: Splendor Solis: The World's Most Famous Alchemical Manuscript

ISBN 978-7-5228-3411-5

Ⅰ. ①日… Ⅱ. ①斯… ②李… Ⅲ. ①炼金-冶金史-世界 Ⅳ. ①TF831-091

中国国家版本馆CIP数据核字（2024）第064655号

日之光芒：世上最著名的炼金术抄本

著　　者 / [澳] 斯蒂芬·斯金纳 (Stephen Skinner)
[波] 拉法乌·T. 普林克 (Rafał T. Prinke)
[英] 乔治亚娜·赫德桑 (Georgiana Hedesan)
[英] 乔斯林·戈德温 (Joscelyn Godwin)
译　　者 / 李　岩

出 版 人 / 冀祥德
组稿编辑 / 董风云
责任编辑 / 成　琳
责任印制 / 王京美

出　　版 / 社会科学文献出版社·甲骨文工作室（分社）（010）59366527
地址：北京市北三环中路甲29号院华龙大厦　邮编：100029
网址：www.ssap.com.cn
发　　行 / 社会科学文献出版社（010）59367028
印　　装 / 三河市东方印刷有限公司

规　　格 / 开　本：787mm×1092mm　1/16
印　张：17.25　插　页：4　字　数：179千字
版　　次 / 2024年6月第1版　2024年6月第1次印刷
书　　号 / ISBN 978-7-5228-3411-5
著作权合同登记号 / 图字01-2023-6071号
定　　价 / 128.00元

读者服务电话：4008918866